私はヤギになりたい

ヤギ飼い十二カ月

内澤旬子

山と溪谷社

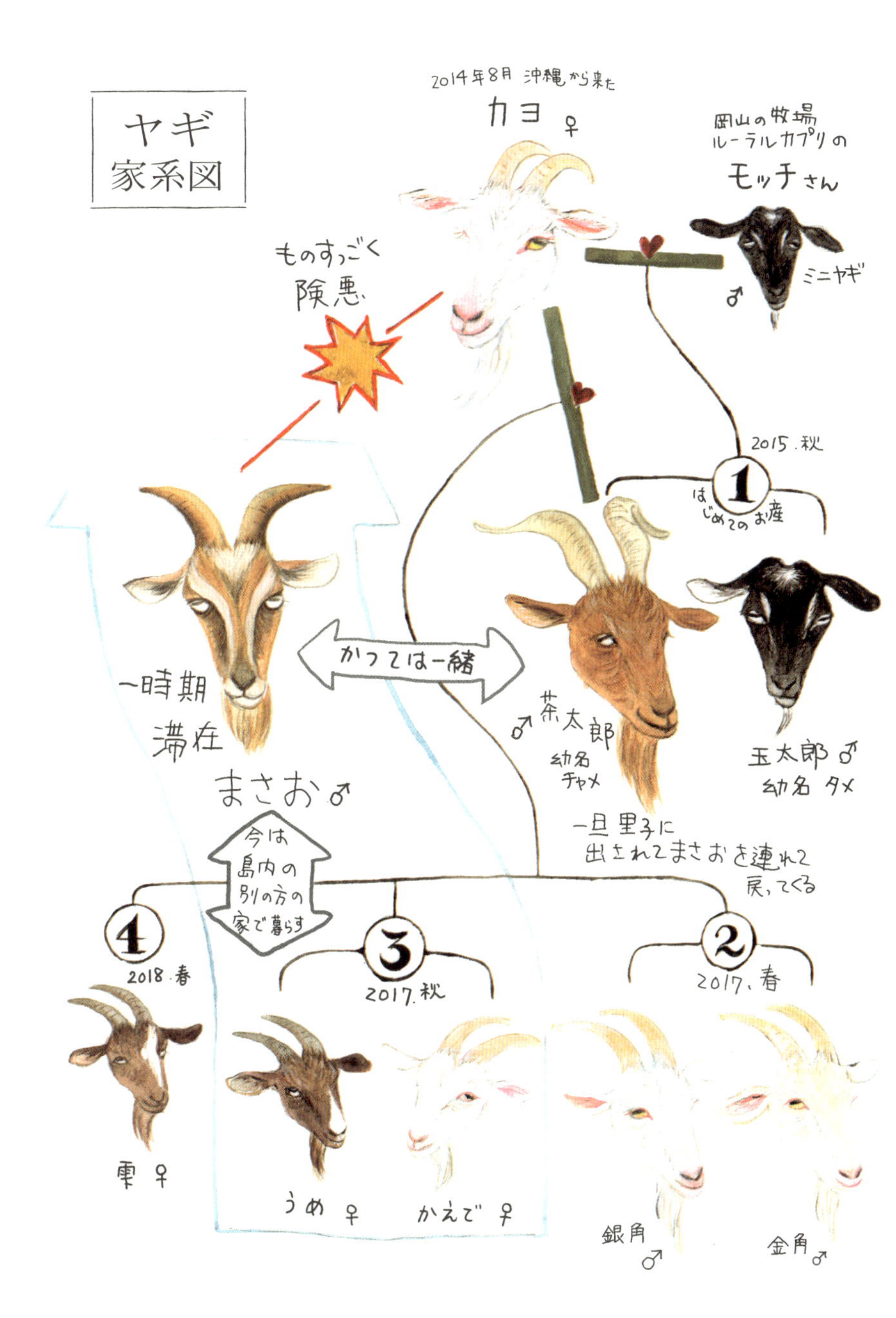

ヤギ
家系図
2014年8月 沖縄から来た
カヨ ♀
岡山の牧場
ルーラルカプリの
モッチさん
ミニヤギ
♂
ものすっごく
険悪
2015.秋
1
はじめてのお産
かつては一緒
一時期
滞在
まさお♂
♂茶太郎
幼名
チャメ
玉太郎♂
幼名 タメ
一旦里子に
出されてまさおを連れて
戻ってくる
今は
島内の
別の方の
家で暮らす
4
2018.春
3
2017.秋
2
2017.春
棗 ♀
うめ ♀
かえで ♀
銀角
♂
金角 ♂

もくじ

六月

緑深まり 葉も茎も大きく硬く 虫育ち
駆け抜ける水無月 梅雨は干草

九月

長月ながく 酷暑終わらず夏枯れのあと
芽吹き花咲きまるで春

十月

蔓は乾せ 亥の月眺め 霜の降るまで
鎌を振りつつ 草暦を読む

十一月

山眺め 色づき落ちゆく 葉に焦り
霜降る日まで 刈り回れ

十二月

食べ尽くせ 小春の草々
霜降るまでの 美味や愛おし

一月

霜枯れて 草がなくても 大丈夫

山の照葉がると 山羊啼く

二月

はやばやと 吹き出す 芽のうま味

ヤギのみぞ知る 如月

三月

弥生よい月 若葉に新芽
嚙めば立つ音に 耳澄ます

付章

四月

卯月嬉しや
待望のご馳走を刈り取る

草を食べると言うけれど

瀬戸内海の小豆島でヤギを飼い始めて五回目の春を迎えた。春はヤギとヤギを飼う人間にとって、待望の季節である。茶色い枯草がボソボソと残る空き地や道端に、柔らかく美味しそうな緑色の新芽が少しずつ増えてくるからだ。

これで、やっと、美味しいごはんの調達が容易になる。早く早く、雑草たちよ、刈り取りやすい丈に伸びておくれと熱い視線を投げかける。

現在ヤギは五頭いる。名前はカヨ、茶太郎、玉太郎、銀角、雫（出生順）。広さは四〇メートル×二〇メートルほどある。ビニールハウスの廃屋を借り、側面にワイヤーメッシュ（溶接金網）を張り巡らせた中を、自由に歩き回っている。部分的に屋根を取り付け、寝床を作ってある。

最初は一頭だけを自宅の軒下に繋いで飼っていた。そもそもヤギを飼おうと思ったのは家の周辺の雑草を食べさせたかったからだ。草刈り機の音が苦手で、なんとか静かに除草ができればと考え、沖縄の友人から分けてもらった。ヤギはブタ同様、ひと昔前までは田舎ではごく普通に一頭か二頭、軒下に繋がれていて、畑の残り株や野菜の残渣（ざんさ）などで適当に飼われていた。

カヨ みんなの
お母さん。性格は
とても
キツイ

茶太郎
巨大な角で
皆を制圧
するキング
今は去勢

銀角 去勢オス

雫 2歳
末娘 まだ身体も
小さい

いちばんおとなしく
やさしい性格

玉太郎
去勢のオス
生まれつき角がない。
ケンカに弱い分、
おいしい草を
早くみつける
能力が高い。

カヨを中心にして
だいたい
五頭一緒に
行動する。
特に舎外に出るときは
互いの位置を
気にしながら動いている。
耳の向きでわかる

以前に千葉でブタを三頭、家と繋がった物置を改造して数カ月間飼養し、食べたことがある。ヤギはブタよりは軽い（沖縄のシバヤギという品種は、本土でよく見かけるザーネン種よりも二回りほど小さい）し、一頭くらいその辺の草でなんとかなるだろうくらいにしか考えていなかった。

近所の人に聞いても、小豆島でも昔は家で飼っていて、ヤギの乳を飲んで育ったという人は多いのに、具体的な飼養方法を尋ねると、ほとんど世話らしいことをした記憶がないという返事ばかり返ってくる。文字通り「ついでに」飼っていたという認識のようだ。

ヤギは家畜としてもウシ、ブタ、ニワトリに比べて一部の地域以外では大規模産業化が進まず、最近では家族の一員、愛玩動物として飼う人が増えてきている。除草ビジネスとしてヤギを活用する動きもあるが、家畜としてもペットとしてもメジャーな存在ではない。犬や猫のように「こう飼うべき」という指針らしきものも少ない。その分のびのびと飼っている人が多いように思う。

うちにやってきたヤギ、カヨは、家の周りの草をあまり食べてくれなかった。しかも寂しいのかなんなのか、玄関のドアを開けた瞬間に私を見てメエメエと鳴き出す。窓を開ければ何か訴えるような目で見上げている。何が欲しいのだろうか。さっぱりわからない。今ならば、美味しい草が食べたいのと、仲間がいなくて寂しいのと、繋がれている状態が嫌だと言っていたのだとわかるのだが、当時は困り果てた。

干した牧草（主にウシ用）を購入することも考えたが、小豆島では農家でもない個人が干し草を農協から購入することが難しく、牛農家さんから分けてもらうか香川県本土の飼料を扱う会社に直接買いに行くしか方法がなかった。手間や送料を考えると憂鬱だ。

我が家の周りでなくても島には雑草がたくさんあるのに、このまま食べさせないのはもったいないではないか。カヨに綱をつけて散歩しながら、「カヨ、これは？ 食べてみるかい？」と目の前に差し出しながら、カヨが好んで食べる草をひとつひとつしらみつぶしに探すこととなった。カヨは草にふっと鼻を近づけて匂いを嗅ぎ、食べるかどうかを決める。

結果として私が最初に住んだ家の周りの草にヤギの好物が少なかっただけで、範囲を広げて収集すれば、カヨが好む草が山ほどあることがわかってきた。そして草よりも実は木の葉を好むことも、試行の果てに知った。

雑草木万華鏡

気が付いたら小豆島中に生える雑草と雑木と畑の作物の成長具合や変化に、つまりは季節の移り変わりにとても敏感になっていた。人々がひたすら嫌い、邪魔だからと刈り取ったり、時には薬で枯らして無くそうとする雑草たちのひとつひとつが、それぞれ決まった時期になると決まった場所で芽を出し、すくすくと伸びて花を咲かせて実をつけ、そして枯れる。

枯れる頃には別の草が繁茂し始めているので、枯れ姿はよほど気をつけない限り目に留まることもない。落ちた種は地面に潜伏し、季節が一巡するのをじっと待って、芽を出す。同じ場所に何種類もの雑草たちが交じり合って根を張り種をちりばめ、それぞれの生命サイクルで絡み合うようにして野原を作っているのだ。万華鏡を眺めているようで飽きない。

もちろんうっとりぼんやり眺めているわけにはいかない。そもそも雑草を眺めるようになったのは、ヤギに食べさせたいからだ。ヤギが好む草の旬の時期を掌握し、その時期を狙って万華鏡を破壊するかのごとくバリバリと刈り取る。もし彼らにとっての「旬」を外して刈り取って持っていくと、

「なぜこんな季節外れなものを私たちに食べさせようとするの？」

と呆れられ（本当にそういう表情でこちらを見返すのだ）、食べてくれないからだ。カヨに至っては怒って頭突きをしてくる。

これはヤギたちが大好きな草、一応食べる草、実をつけた状態が好き、毒があるなど、名前はわからなくても繁茂する季節や場所、葉の形から頭に入れていくこととなった。

畑の作物を収穫したあとに残る葉や茎（ガラ）も雑草同様処分に困る邪魔モノなので、引き取りたいと言うとみなさん快諾してくださる。作物にも当然それぞれ植えるべき季節があり、ガラが出る季節も決まっている。

今の広大なヤギ舎にはカヨを迎えて三年目の秋に引っ越すのであるが、来てみたら島の中でも果樹栽培が盛んな地域で、

野菜よりも果樹が目立つくらいだ。

　果樹の中心的存在は小豆島らしくオリーブ。そして蜜柑（ミカン）、葡萄（ブドウ）、李（スモモ）、枇杷（ビワ）、無花果（イチジク）、キウイフルーツ、柿、檸檬（レモン）。驚くほどフルーツに囲まれている。特にヤギ舎の周りにはオリーブと蜜柑農家が多い。ヤギ舎の大家さんは葡萄農家である。どういうわけか果樹の剪定時にでる枝葉はどれもヤギの大好物だ。

　という具合に、いつのまにか小豆島ヤギ食用草木の地図と歳時記のようなものが頭の中に形成されつつある。本書では、ヤギたちの様子とともに季節ごとの餌となる草木や小豆島の自然を紹介していきたい。

春はオーツ麦から

　さて、春は四月から始めよう。四月に入るとヤギ舎脇に並ぶ葡萄畑のハウス中に生えているオーツ麦や芝麦（シバムギ）などのイネ科の牧草が伸びてきて刈り取りやすくなる。

　オーツ麦は燕麦（エンバク）とも呼ばれる。粒を加工したシリアル、オートミールは近年とても人気の食材である。食物繊維やタンパク質が豊富で糖質やカロリーは低めとのことでダイエット効果が高い。白米と置き換えて美味しく食べるためのレシピもネットにたくさん出ているくらいだ。

小豆島では他の牧草と同じく栽培せずとも雑草としてあたりに生えてくる。放置していれば五月末には穂が出てしばらくすると茶色く枯れて熟す。籾殻を剝いて齧ってみると麦らしき味がする。本土でも同じように雑草として河原などに自生しているようだ。またオーツ麦は食用だけでなく緑肥といって緑色の状態で刈り取って土に鋤(す)き込んで土壌改良をはかるために栽培されてもいる。

本書の元になる連載終了後に、私はオーツ麦の栽培に本格的に着手する。早めに種蒔きしてヤギたちの冬用食料とするためだ。詳細は種蒔きシーズンの九月の章に書くのでここでは畑の下に春に自生する雑草としての記述にとどめる。

さて、オーツ麦は日当たりのせいか成長具合が畑によって違い、マメ科の烏野豌豆(カラスノエンドウ)がたくさん生える畑もある。大家さんとしては畑の下草は一気に全部取っていってほしいようだが、毎日食べる分、コンテナ五杯ずつくらいがちょうどよいし、よく伸びて美味しそうなところを選んで手刈りしているので、機械で刈り取るようにきれいでさっぱりとはならないのが申し訳ない。

畑から採れるものとしては、下草の他に四月は葡萄の新芽がある。芽かきといって、不要な新芽をかき取る。白っぽい薄緑色のかわいらしい新芽ばかりで量も多くは出ないが、葡萄（ブドウ）の葉はヤギたちの好物なのでありがたくいただいてくる。天ぷらにして人間が食べても酸味があって美味しい。

この時期の草は色味も薄く、柔らかくて虫もついていなくて、本当に美味しそうだ。ヤギたちもがつがつと食いついてくれるのでとても嬉しい。オーツ麦も烏野豌豆（カラスノエンドウ）も、日に日に強さを増していく陽光に当たるうちに、どんどん緑を濃くしていく。

これらの雑草はヤギ舎の中にも生えているはずなのだが、放牧しているため常に食べられてしまうので、なかなか繁茂してくれない。現在ヤギ舎とその周辺で一番繁茂しているのは、蕨（ワラビ）だ。春に芽を出し、晩秋に枯れるまで茂っている。芽の時期以外はシダと呼んでしまう。

小豆島はどこでも蕨がたくさん採れるわけではなく、ヤギ舎として整備する以前の廃屋時期には、ここは山菜好きの人たちの間で知られた場所だったらしい。今もたまに蕨採りに来るご婦人と遭遇する。そういうときはヤギを繋いで中に入って採ってもらうようにしている。

ちなみに蕨には毒性がある。ヤギたちも率先して食べることはなかった。ところが、である。ヤギ舎に引っ越してから生まれたヤギたちは、蕨の芽や葉を少しずつ食べるようになってしまったのだ。毒があるのだからやめてほしいところだが、どうやら耐性をもったらしく体調に変わりはない。

気が付くと一番偏食なカヨまで摘まんでいる。とはいえやっぱり大好きというわけではないようで、食べ尽くされることなく、ヤギ舎の中でどんどんと勢力を伸ばしている。ヤギ自身が加減をしながら食べているのであれば、多大な労力をかけて根を掘り出してせん滅させなくてもいいかと考えている。

たまには自分用に採ろうとヤギ舎の奥を歩くと、そこかしこに先端の渦巻きのところだけ齧られた姿の芽が立っている。先端だけ食べるのがヤギの流儀だ。

採った蕨は重曹でアク抜きをして味噌汁や天ぷらにして食べる。炊き込みご飯の具にしても美味しい。以前は採取した蕨の重量を量り、重曹の重さを算出していたが、重曹を平皿に平らに出して、蕨の切断面を当ててつけるやりかたを知り、量る必要がないのでとても気軽にできるようになった。重曹を付けた蕨はバットに並べ熱湯を浸るまで注ぎ一晩漬け置けばアク抜きは完了だ。翌朝にはうぶ毛もとれている。火にかける手間もないのでお勧めである。アクを抜いた状態でジップロックに入れて冷凍保存もできる。

ヤギ舎の周りの農道には土筆（ツクシ）も生えてくる。ヤギたちは土筆には目もくれないが、一歩遅れて同茎で生えてくる杉菜（スギナ）はよく食べてくれる。利尿効果もある薬草なので、毒出し狙いでたくさん食べてもらいたいところだ。土筆（ツクシ）は炒め物にして食べ、杉菜（スギナ）は干してお茶にする。ヤギがいなかったら出不精な私がこんなに野草を摘んで食べることもなかったのではないかと思う。

もうひとつ、四月は近所の草地の赤い椿（ツバキ）がたくさん花をつける。椿の花はカヨの大好物だ。花首がぽたぽた落ち始めると、拾い集めて持っていってやる。ちょっと高級なお茶菓子でももらったように喜び、味わうように食べている。

春のマメ科

烏野豌豆（カラスノエンドウ）はマメ科の雑草である。関東で過ごした子ども時代、よく小さな豆をおままごとに使っていたので馴染み深い。オーツ麦の次くらいに生え始めてくれる。畑の中の他に空き地にも生える。以前に畑に生えている烏野豌豆を全部きっちり綺麗に刈り取ってしまったら、翌年はあまり生えてくれなかったため、毎年取りに行く畑はわざと少し刈り残すようにしている。

ヤギたちの大好物の中でも上位にランクインしており、干しても食べてくれる。生え始める三月には日当たりの良い斜面の空き地など先行して繁茂する場所に駆けつけて刈り取り、大量に繁茂する四月後半には遠くの畑地まで刈らせてもらいに行き、軽トラいっぱい持ち帰って屋根などに干しまくる。オリーブ畑の下草に生えることが多い。ただし干し草用の倉庫もない現状では、春の干し草は梅雨を越せないので長く保管せずにどんどんヤギにあげるようにしている。

ところでマメ科の植物には、第一胃で異常発酵を起こして、ガスが溜まる鼓脹症（こちょう）になってしまうものがある。烏野豌豆を含むマメ科すべてを避けているヤギ飼養者もいるようだ。白詰草（シロツメクサ）もマメ科でヤギが好む雑草だ。以前にヤギの研究者に聞いたら雑草ならば大丈夫というお返事をいただき、安心してあげている。いまのところ問題はない。ついでに混生する雀野豌豆（スズメノエンドウ）も食べさせてみたが、食いは烏野豌豆には及ばない。マメ科ならばなんでも好きと言うわけではないらしい。

最近近隣で紫色の花をつけるマメ科の雑草が繁茂し始めた。弱草藤（ナヨクサフジ）と

いう。どこからやってきたのか、近年近隣地区で勢力を広げている。ヤギにあげても食べない。調べたら毒性があった。マメ科の雑草は、葉の形やつきかた、蔓（つる）の巻き方など似ているのだが、大好物から毒ありまで勢ぞろいしているというわけだ。恐ろしい。しかも今列挙した草すべて、ほぼ同時期に生える。飼い主が普段からしっかり観察して鑑定眼を養わねばならない。

最近は都草（ミヤコグサ）という黄色い花をつけるマメ科の雑草もちらほらとでてきた。まだ少ないのでヤギにはあげていない。これはシュウ酸が多く含まれるとある。シュウ酸は毒ではないが過剰に摂取すると尿路結石を引き起こしやすい。去勢雄は尿路結石を発症しやすいようなので注意が必要だ。

シュウ酸つながりで言えば、虎杖（イタドリ）も柔らかく美味しそうな芽を出している。ヤギは食べたがるが、これもまたシュウ酸が多く含まれるのでたくさんあげるわけにはいかない。虎杖は高知では栽培されているほどよく食べられている。

ニョキニョキと背丈ほどに生えてくる親指くらいの太い芽の先端三〇センチほどをとってきて重曹を入れた熱湯にくぐらせ水に漬けて皮を剝く。半日ほど漬けたら水を切り、一口大に切ってごま油で炒める。味付けはだし醤油などで。酸味があって美味しい。

虎杖は季節によって形が大きく変わる。芽を出す春には一本太く真っ直ぐに茎を伸ばすのであるが、その後枝分かれして横に広がっていく。夏頃に一度刈り取ると、後には複数の細い枝が地面から伸びる。人間が食べるには硬くて不味そうだ。花をつける秋の終わりには同じ植物とは思えない形状となる。どの形になっても常にヤギの好物であることには変わりない。

常に毒の有無を気にしていると、ヤギたちから毒草を遠ざけるには、イネ科の乾燥牧草を購入してそれだけを食べさせるのも一つの方法だと思えてくる。間違いは少ない。牧草に毒性のカビがつくという危険はあるらしいので完全とも言えないけれど。

気高きグルメたち

生まれたときから放牧し、自生した雑草を食べたり、たくさんの選択肢、多品目の雑草を与えてやれば、ヤギが致死量の毒草を自発的に食べることはほぼないし、毒草を峻別する能力を育てることができるように思う。

毒があるのかどうか、調べてもどうしてもわからない草を与えるときには少量にして同時に食べ慣れた草をたっぷり与えるようにしている。その草だけしか食べるものがない状況では、毒でも我慢して食べてしまうかもしれないからだ。食べ慣れない草は、すぐに食べなくても後で食べることもあるので、食べ慣れた草とは混ぜないで少し離して置いて翌日に食べたかどうかわかるようにしている。口をつけた様子がなければ、次からは採ってこないようにする。

放牧が理想的とわかっていても、個人でヤギを広々と放牧できる場所を確保するのは、なかなか容易ではない。私も偶然が重なって現在のヤギ舎に辿り着いたに過ぎない。仮に土地を確保できたとしても、柵を外注するにはお金がかかるし、自力で回すには壮絶な労力を必要とする。

今のヤギ舎はビニールハウスの骨組みに一度金網をくくりつけたのだがヤギたちが身体を擦り付けて破って脱走したため、直径五ミリの鉄鋼棒を一五センチ角に溶接した堅固な金網ワイヤーメッシュを、破れた部分から少しずつ張り付けていった。現在ではワイヤーメッシュの価格は当時の一・五倍以上に値上がりしている。

多品目摂取を目指し、好物とわかっている草を一気にたくさん刈り取ったときでも、なるべく最低でも三種類の草を与えるようにしている。まるで健康な食生活に拘る料理研究家かダイエットトレーナーのようで恥ずかしいのであるが、ヤギたちがかわいいので仕方がない。自分はヤギの世話に疲れてインスタントラーメンにキャベツと玉子を入れて夕飯とすることも珍しくない。

ちなみにヤギたちはどんな好物な草でも、一度地面に落ちたものを食べたがらない。拾って口に近づけても匂いを嗅ぎ「それ床に落ちたものでしょ？　やめて」という貌をしてそっぽを向かれる。きみたちはどこまで貴族なのかと頭を抱えてしまう。一説には糞尿がついた草を食べないようにすることで病原性大腸菌から自分を守るために身についたとか。

それでは食べながら首を振る仕草が頻発するのはどういう意味があるのだろう。自生する草を毟り取る動きなのか、ヤギたちは食べながら頭を振りあげる。このヘッドバンギングのおかげでどんなに刈り揃えて美しくコンテナに並べてあげようが、草は飛び散り、床や地面にこぼれていく。めげずに三〇秒ルールだからと落ちた草を踏まれる前にさっと拾ってはコンテナに入れていく。

烏野豌豆は、気温が上がり繁茂し始めると同時にアブラムシが大量に付く。アブラムシがびっしりと付いた烏野豌豆を与えても、驚くことにヤギたちは嫌がらずにバクバクと食べてしまう。どうやら虫も食べられるようなのだ。今年はなぜか虫が極端に少なくて助かった。アブラムシがなにか悪さをするわけではないが、どうも見ていて気持ちのいいものではない。

烏野豌豆（カラスノエンドウ）は五月の中旬頃には枯れ始める。なるべく晴れの日が続くときに干していくが、毎年すべてには手が回らない。しばらくすると烏野豌豆が枯れた茂みの下から別の雑草たちがぐんぐん芽を出していき、姿を消していく。新勢力の雑草を刈り取ると、根元付近には烏野豌豆の茶色く枯れた茎と黒く捻じれた豆の鞘がからまっている。ヤギに与えると、青草をほおばる前にこの根元に絡まる枯れた烏野豌豆の茎をまず名残惜し気に食べる。ここまでヤギたちに愛されている草もないと思う。ご苦労様。また来年もたくさん生えてください。そして何事もなく次の春を迎えられますように。とヤギたちの口の中に入っていく枯れた烏野豌豆に、しばしの別れを告げるのだった。

五月

皐月あおめき
浮かれて嚙め呑め
若葉は甘露

新緑を噛み締めて

五月を迎える時分になっても、ヤギ飼いの高揚感は続く。ヤギたちも楽しそうだ。どこでも草が生えている。しかも柔らかく美味しそうな草ばかり。これほど嬉しくありがたいことはない。冬の間、いかに草が無くて辛いかということの証でもある。もっとも小豆島は比較的温暖で、常緑の照葉樹にも恵まれ、真冬でも干し草以外の青い葉をヤギにあげることができるのだから、積雪が常態となる地方とは比べ物にならないくらい恵まれているのだが。

島内でヤギを飼う友人は、十二月にヤギを軽トラに載せて関東地方から引っ越してきた。フェリーから降りて小豆島に入った途端、山の緑を見てヤギたちが目を輝かせて大喜びしたそうだ。「葉っぱ!! 食べられそうな葉っぱがたくさんある!!」となったのだろう。思わぬご馳走を目にして驚き喜ぶヤギの顔が目に浮かぶ。

ヤギの顔は無表情でわかりにくいと思われがちだが、そんなことはない。たしかに飼った当初は鳴き声以外に何を考え感じているのか、まるでわからなかった。犬や猫のようにたくさんの映像や漫画などの情報があるわけでもないし、瞳は瞳孔が横一文字なので、宇宙人のようでもある。リラックスしているときは上瞼が落ち気味となり、チベットスナギツネのような冷めた表情となる。反応も薄い。うちのヤギだけかもしれないが。

けれどもそんなクールな瞳も毎日よく見ていると、実は様々に変化する。顔の筋肉の張り具合や耳の動き、脚や身体の向きなどにも目を配るようになると、細やかな感情や要求をだんだんと汲み取れるようになってくる。

もちろんヤギたちのほうも人間である私が何を伝えようとしているのか、わかっている。言葉と身体の動きの半々くらいで私の命令や要求を理解しているのかと考えていた。しかしあることが起きて考えを改めた。

島の外に用事があった帰りに家に戻らず、そのまま道中にある草地で枝を切り、荷台に積んでヤギ舎に直行した。ヤギたちは長靴も作業服も着用していない、手ぶらでしかも街着姿である私を一瞥（いちべつ）し、「ああ、冷やかし（飼い主的には様子見）な」とばかりに屋根のある場所でくつろいだまま、寄ってこない。全員の名前を呼んでも知らんぷりで動こうともしない。

しかし私が「なんだよ、葉っぱ積んできたのに」と呟いた瞬間、全員テレポーテーションしたかという速さで駆け寄ってきたのである。彼らは日本語を理解している。私のお願いや命令も、かなり細部のニュアンスまで伝わっている。ただし易々と従うつもりはない。ということなのである。

現在はこうしてなんとかコミュニケーションをとっているが、カヨを飼い始めたときは本当に大変だった。寂しくないようになるべく付き添ってやり、散歩にも連れて行き、好物の草をたくさん探してあげても、カヨは時々手が付けられないくらい鳴き喚いた。顔をこわばらせ三日三晩も喉を枯らして叫ぶ姿に、何を怒っているのかと悩み続けた。三日ほど泣き叫んだあとは、しばらく静かになる。

調べるうちに沖縄のシバヤギは発情期が二十一日ごとに来ると知り、もしやと鳴き喚く日をカレンダーにつけてみた。まさに二十一日ごとだった。ザーネン種と同じように春と秋だけなのかと思い込んでいた。さあどうしよう。このままでは散歩に連れて行こうが、どんな御馳走を与えようが二十一日ごとに鳴き喚き続ける。ヤギも避妊手術できるかもしれないけれど、そもそも愛玩動物ではなく、家畜として飼われてきた動物だ。簡単に獣医師が見つかるとは思えない。散々悩んだ末に、カヨの交配相手を探すことにした。鳴き声の大きさに根負けしたようなものだ。家族ができれば寂しくないだろうし。

岡山県にヤギ牧場があるのを見つけ、発情したカヨを車に載せて連れて行き、交配させた。五月上旬、山の緑も鮮やかさが増す頃だったのだが、島の外を運転するのがはじめてだったので、景色を楽しむどころではなかった。お相手は少しでもお産が楽になるようにとミニヤギのオスを選んだ。ところがミニヤギのモッチさんはあまりにも小さくて、カヨの腰に性器が届かなかった。しばらく一緒にさせて遠くから観察していたのだが、並んで寝ているだけで、交配した気配がない。こりゃ失敗したと思ったのだが、カヨは翌月からぴたりと鳴き喚かなくなった。

やはり妊娠しているのだろうか。いやでも「して」ないはずだが？とやきもきしたまま五カ月を過ごし、後ろ脚の間についた二つの乳房がパンパンに膨らんできて、ようやく妊娠を確信した。

恐るべき発情力

生まれた子ヤギは二頭。黒と茶色の毛並みで両方ともオス。家の軒下に繋ぐやり方で三頭は育てられないので、ひと月ほど乳を飲ませてから茶色い茶太郎を里子に出した。二頭でちょこちょこ飛び跳ねて遊ぶ姿は本当にかわいらしかったのだけど、仕方がない。黒い

ほうの子はカヨと一緒に暮らすので、睾丸をゴムひもで縛って去勢した。

こうしてカヨと息子の玉太郎と二頭とひとりで暮らしていくはずだった。それがいろいろ間違えて、ストーカー被害に遭って引っ越さねばならなくなり、これまでのように軒下と庭でゆったりとヤギを飼うスペースがなくなってしまった。

さらに同時期に里子に出した茶太郎の飼い主さんが病気になってしまい、茶太郎と一緒に飼われていたまさおというおじさんヤギまで（正確には豚と鶏も）路頭に迷う羽目となった。どうにかしてあげたいけど……と話していたら、知り合いの葡萄農家さんから近所に遊ばせているビニールハウスの廃屋があるからまとめて飼ったらいいよという申し出をいただいたのだ。

以前には李が植えられていたというビニールハウス、葡萄を植えたら全部枯れてしまったそうだ。ヤギの糞で土壌改良してほしいとのこと。現場を見に行くと、大人の背丈よりも高く背高泡立草やシダ（蕨）や漆などがみっしりと生い茂り、一体どれくらいの広さがあるのかすら、よくわからなかった。しかしここならば茶太郎もまさおもどんと来いだ。この先の作業量などを深く考えるよりも先に身体が動いてしまった。

とりあえず雨宿りできる屋根をブルーシートで作り、茶太郎とまさおを引き取って放り込んだ。なぜか鶏までついてくることとなった。豚もついでにどうですかと言われたのだがさすがにお断りした。

計画ではこの大きなビニールハウスの全体に金網を張り巡らせ、中を二つに区切ってカヨと去勢していない茶太郎を離して飼おうと思ったのだが、ヤギたちに押し切られて計画は頓挫する。茶太郎は一年近く里子に出ていたのに、カヨと玉太郎と顔を合わせた瞬間から家族を覚えていたとしか思えないほど喜びをあらわにした。

玉太郎も最初は角も髭も生えた雄臭い茶太郎に「誰⁉」と怯えていたけれど、じゃれついてくる茶太郎とすぐに仲良くなった。そして止める間もなくカヨと茶太郎はさっさと交配してしまった。親子夫婦になってしまったのだ。離れて暮らすなんてありえないと言わんばかりの仲良しぶりだ。調べてみると競走馬の世界でも親子交配までは割と頻繁に行われているようなので、まああと一回くらいは産んでもどうにかなるかと目を瞑(つむ)ることにした。

一方まさおは里子時代には茶太郎の兄貴分として面倒を見て来たはず？なのに、家族再会の輪からはじかれ、女君主として君臨しようとするカヨと敵対関係に。身体はまさおのほうが大きいので、喧嘩となればカヨが負けがちだ。するとカヨは私を振り返って睨みながらメエエエッと鋭く鳴くのである。こいつをなんとかして頂戴よと。困ったことは私がすべて解決してくれると思い込んでいるのだった。

仕方なくまさおを繋ぐと、まさおはどんどん不機嫌になりやさぐれていく。放してやればカヨとまさおで殺気立った喧嘩が始まる。このままでは殺し合いもしかねないと頭を抱えていたところ、ヤギを飼ってみたいという方が現れたので、気の毒だがまさおを送り出すことにした。まさおは飼い主が転々と変わってばかりで気の毒であったが、新天地の飼い主家族に大事にかわいがられ今ではとても幸せそうに暮らしている。

こうしてカヨは広々とした宮殿（以下カヨパレス）と息子兼夫を従えた女王様の地位を手に入れることとなる。軒下に繋がれてメエメエ鳴いてばかりいた少女ヤギ時代からは想像もつかない大出世？である。

新天地の植生

カヨが手に入れたのは、夫と宮殿だけではない。カヨパレスの周辺の植生が引っ越し前と比べ圧倒的に（ヤギにとって）豊かだった。同じ小豆島の中でもこうも違うのかというくらいヤギの好物である雑草が春夏秋を通じて溢れている。果樹農家が多い地域だから土地も肥えているのだろうか。ヤギ飼い以外の人にとって雑草は雑草でし

ノイバラの花
ノイバラの実
産みたて!
得意顔
玉太郎
生後4ヵ月くらい
赤ちゃんの時とイメージ変わらず
こわがりで人見知り
出戻ってきた茶太郎
生後10ヵ月でデビルな角とヒゲが!!
トゲ
性格は陽気でオチャメ
リッパなオスに!
皆が驚く大変身…
ノイバラ(グイ)
細長い生殖器をふり回して放尿、身体にかけるので臭いし前脚の白い所が黄色に…
生殖器
しょっちゅう出てる
タマ

かないので、誰の話題にもならないのだが。

　以前の家の周りにはなくて今のヤギ舎の周辺に茂っている植物は、芝麦（シバムギ）、苧麻（カラムシ）、葛（クズ）、犬枇杷（イヌビワ）、それから楡（ニレ）と榎（エノキ）も本当に豊富に生えている。どれも以前の家では大御馳走で、車で遠くまで行かないと採れなかった植物ばかりなのだった。

　早春からビニールハウスの中など日当たりのよいあたたかな場所から細長い葉を茂らせていた芝麦は、オーツ麦と共にどんどん繁茂し始め、そして花が咲き、五月には綺麗な穂をつけ始める。とても美しいモザイク文様のような穂で、いつも見入ってしまう。ヤギたちの大好物で、干しても食べてくれるので二年前には穂が若い状態でたくさん刈り取り、束に結んで干すだけでなく、サイレージにも挑戦してみた。サイレージは密封すればできると聞き、布団圧縮袋を使って挑戦した。しかし発酵なのか腐敗なのか実に微妙な代物ができあがり、ヤギたちには鼻に近づけた瞬間に逃げ出すくらい、嫌われた。

　五月は烏野豌豆（カラスノエンドウ）が大繁茂する時期でもあり、大量に採らせてもらえる場所を確保できたため、今年は烏野豌豆だけを干すことにした。もしゃもしゃと絡まりあっているため、芝麦と違って束ねる手間もなく、持ち運びも楽なのだ。芝麦を干すと穂の部分だけを集中的に食べてあとは残してしまうのに、烏野豌豆は余すところなく全部食べてくれるのも素晴らしい。普段五頭が食べる数倍以上刈り取っては周辺のビニールハウスの柵や屋根の骨組みにひっかけたり吊るしたりしていく。茶色くカリカリに乾いたら袋に詰める。

ヤギたちは五月の美味しい草をたくさん食べているにもかかわらず、ヤギ舎の扉を開けると烏野豌豆が干してある柵に駆け寄り、前脚をかけて立ち上がって枯れて茶色くなった烏野豌豆をむしゃむしゃと食べてしまう。どれだけ烏野豌豆が好きなんだと呆れるばかり。

棘だらけの御馳走

新天地ならではの美味しい雑草や雑木がある一方で、山でも畑でもどんな荒れ地であろうが必ず繁茂している雑草もある。しかもヤギたちの好物。ありがたい草ではないかと思うだろうが、困ったことに棘だらけなのだ。

その名は野薔薇（ノイバラ）。島の人々はグイと呼んでいる。以前に住んでいたところでもこいつだけは豊富に繁茂していたのだが、全く嬉しくない。軍手の上に革手袋をしてからでないと、触れないのだ。鋭い棘が刺さると、先端が折れて皮膚の中に残ってしまう。

すぐに押し出すか切り開いてほじくり出すかしないと、赤くはれて化膿する。こんなに痛い棘だらけの植物を、なぜヤギたちが好んで食べたがるのか、皆目わからないのだが、彼らは棘をものともせずにパクパクと食いつく。にょきにょきと明るい黄緑色の葉を茂らせ始めると、あまりのみずみずしさに、革手袋ないけどまあちょっとだけなら……と指に傷を作りながら刈り取ってしまう。春のうちはまだ茎も細く柔らかくて鋸鎌（のこぎりがま）でザクザク刈り取ることができる。

野薔薇（ノイバラ）は五月下旬から六月にかけて白い一重の花を咲かせる。とても美しい。香りは特に感じない。晩秋には実が真っ赤に色づく。ローズヒップと親戚みたいなものなのだから、お茶にできるのではないかとも考える。とりあえずはドライフラワーとして飾ったりしている。

この野薔薇、ちょっと放っておくとすぐに枝を四方八方に伸ばしてしまう。おとぎ話の茨に囲まれた城はこんな感じで覆われたのだなと、枝を切るたびに思う。棘は茎から外れて長靴の中に入り込んで足の裏に刺さることもある。刺さりどころが悪いと棘を外すまで歩けないほど痛い。

いつもは烏野豌豆（カラスノエンドウ）と同じく春の深まりとともにアブラムシに喰われまくり、そのあと青虫もたくさんついて見る影もなくなっていく。花が終わり本格的な夏になる頃には葉も棘も茎もとても硬くなるので簡単に刈り取ることができなくなってしまう。今年はなぜか虫が少ないため、葉の緑がどんどん深くなり、葉の縁が赤く色づく様子までじっくり見ることができた。

五月に勢いづくのは草だけではない。雑木も急激に葉を伸ばし始める。なかでも重宝するのが「ひこばえ」だ。樹種ではない。ヤギの草刈りをするまで恥ずかしながらこの言葉を知らなかった。切り倒した木の切り株の周りに生えて来る枝のことである。楡（ニレ）と榎（エノキ）と赤芽柏（アカメガシワ）、この雑木御三家とも呼ぶべき三本は、空き地やアスファルトの隙間にも入り込んで実生で芽を出し、放っておくとあっという間に大木に育ってしまう。そこで切り株があちこちにあって、五月にはひこばえが株の横からにょきにょきと伸びてくる。

大木となると枝葉は手の届かない高さに茂ることも多いが、このひこばえならば丈は低く枝もひょろひょろの割に葉は茂って

いて、採り放題なのが素晴らしい。特に榎（エノキ）の切り株にはパンチパーマのようにみっしりとひこばえが出てくる。ヤギたちはこれが大好きで、山に連れていけば榎のひこばえをしゃぶりつくすように食べている。柿の木の切り株もひこばえをたくさん出してくれる。どのひこばえも切っても切ってもどんどん伸びてきてくれる。ヤギ飼いには打出の小づちのようなものだ。このひこばえ、調べてみても特に活用方法などはないようだった。

さてこのひこばえ、採っても採っても無限に若葉を出してくれると思っていたが、近所の空き地の柿の木の切り株は、私が出てくるひこばえを採り続けていたためなのか、元の切り株が朽ちて崩れてしまった。いつまでも枝葉を供給してくれるものと思い込んでいたので寂しいけれど、仕方がない。無限ではなかったのだった。朽木は虫に喰われてゆっくりと土に還っていく。

葡萄（ブドウ）の葉を味わう

春の贈り物としてもう一つ、葡萄の新梢がある。ヤギ舎を貸してくださっている葡萄農家さんが育てている生食用の葡萄たちは、四月の芽かきに続いて不要な新梢を切らねばならない。芽は先端だけなので量も少なめだが、この新梢は葉もそれなりに育っているし、ある程度の量があるので、一度に四頭の一食分くらいもらえることもある。ヤギたちの大好物なのでありがたい。ハウスと露地で時期がずれて今日はここの畑で明日はあっちでと点在する畑まで取りに行ったり届けていただくこともある。

葡萄の葉はレバノンやトルコ、ギリシャあたりでは食用とされている。塩ゆでした葡萄の葉でピラフや挽肉を包んでスープで炊く。試しに作ってみたところ、葡萄の葉には独特の酸味があってとても美味しかった。冷まして食べるものらしいが熱々でも美味しかった。葡萄の葉の塩漬けが大瓶で売られているくらいメジャーな料理だ。

試しに葡萄の葉とオリーブオイルとニンニクと松の実をフードプロセッサーにかけてバジリコ風ソースを作ってみたがこれもなかなかいける。ただ葡萄の葉は育つと硬くなって筋が口に残るので五月に採れる若葉だけを選んで食用にして、あとはヤギたちに食べてもらうのが良いようだ。

葡萄の産地ならばヨーロッパでも葡萄葉のレシピがあるのではないかと調べてみたところ、なんとイタリアにはヤギミルクのチーズを葡萄の葉で包んで熟成させるロトロヴィーテというチーズがあるようだ。熟成がかかると葡萄の葉の香りがチーズに移っていくんだそうだ。ヤギの好物なのだから、相性抜群だろう。いつか食べてみたい。

葡萄(ブドウ)の葉は実の皮と同様にレスベラトロール（ポリフェノールの一種）が含まれている。

　さらに調べてみたら日本にも食べる習慣があった。葡萄の産地信州では季節限定で葡萄葉寿司が作られていた。山葡萄(ヤマブドウ)の葉に酢飯と鱒を合わせるようだ。これも美味しそうなのでいずれ試作してみたい。

　五月は茶の木(チャノキ)の新芽が出る。元は段々畑だった耕作放棄地には敷地のすみっこ、石垣のあたりに茶の木が植えられていて、そのまま野生化して生き残っていることが少なくない。最初の頃はどれが茶の木なのかもわからなかった。常緑の雑木かと思っていた。十二月に一重の椿(ツバキ)のような小さな白い花をつけたときに目に留まり、かわいらしいのでＳＮＳに載せたところ、ご覧になった方から茶の木ですねと教えていただいた。

　花も実も椿を三回り小さくした感じだ。わかったからにはまずは緑茶を作ってみようとネットなどで調べてザル一杯ほど摘み取った。育った葉と新芽は色がはっきり違うので、どれを摘んだらいいのか迷うことはない。

　茶葉を摘んだら間を置かず速やかに加熱して酸化酵素の働きを止める。殺青(さっせい)と呼ぶらしい。製茶の用語はいちいちかっこいいのだ。しんなりするまで蒸したら揉んでホットプレートの上で焦がさないように乾かし、また揉んでを繰り返していく。茶葉が縮れて縒れてカリカリになるまで乾かしたら完成だ。

売っている緑茶とはちょっと違うのだが、甘く華やかに香るお茶ができた。お茶の木というだけあり、野草やハーブのお茶とは全く違って香りも味も強くてしっかりして奥行きも深い。一発で魅了された。

茶の葉は五月でなくても新芽は出て二番茶三番茶となるが、葉が硬くなり揉みにくくなるようだ。私が見つけた茶の木たちは、長らく放置されて栄養状態が良くないからなのか、初夏に摘もうとしても新芽が見当たらなかった。いずれは茶葉を一晩おいて発酵（萎凋という）させて作る紅茶も作ってみたい。

こうしているうちに緑はどんどん色を深め、羽虫がどこからか湧いてくると、もう春というよりは初夏。虫は人間もだがヤギたちも刺す。なにも構えずに緑を楽しむ季節は終わりを告げ、サシバエや毛虫などから皮膚を守るため、手首足首はもちろんのこと首には手ぬぐい、顔も網で覆って出向かねばならない。

過酷と言えば過酷だけれど、変化していく草たちの姿を追いかけるのは思いの他楽しく、ヤギたちのリクエストに応えるために、せりあがる緑の海を刈り取り続けるのだった。

六月

緑深まり 葉も茎も
大きく硬く 虫育ち
駆け抜ける水無月 梅雨は干草

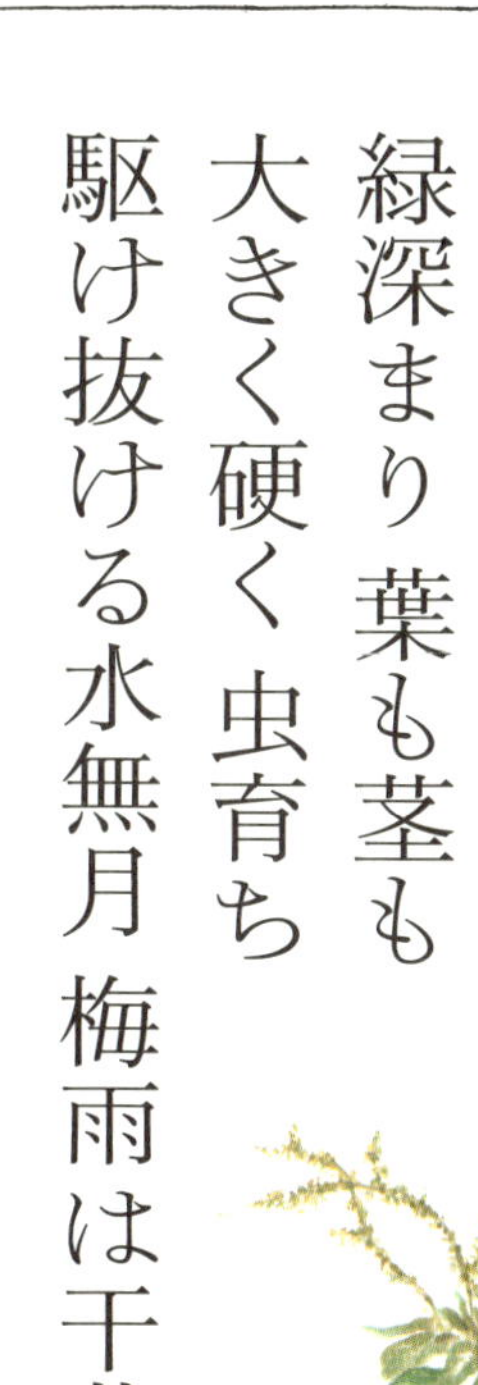

藪と化していく叢（くさむら）

六月に入る頃には、あれだけありがたく嬉しかった雑草たちが、だんだん疎ましくなってくる。ヤギが食べる（人間が刈り取る）速度を追い越して、大量に繁茂し始めるためだ。しかも強い日差しの中で葉も茎もどんどん硬くなり、美味しそうとも言い難い。草の丈は大人の腰よりも高くなってくる。こうなると野原というよりは、藪。ヤギたちからも敬遠されがちになる。

そう、はじめて知ったときは仰天したのだが、ヤギは藪が好きではない。自分よりも背の高い草が茂って見晴らしの悪い場所には入りたがらない。カヨを飼い始めた頃は、こんなにたくさん草があるんだからいいでしょう？と、藪のまん中に連れて行って繋留してみたのだが、怯えて嫌がり食べるどころではなかった。

ヤギは草食動物だからなのか、見晴らしがきかないところを嫌う。ましてや自分のホームベースから離れた場所に繋がれ、私という保護者もいなくなってしまうと心細くなって食欲なんかあるわけないでしょ！ということらしい。どうしても繋留して食べさせたいときは、ヤギを繋ぐ場所の手前半分程度をあらかじめ刈り取っておくと、危険を察知できるからか怖がらず嫌がらずに背の高い草も食べてくれる。刈り取ったところはすぐに新芽が出るのでそれを摘む楽しみもあるようだ。

しかしこれだけ雑草繁茂の勢いが強くなると、気をつけねばならない。人々は薬の力で雑草をどうにかしようとするからだ。島の言葉で草枯らし、つまりは除草剤を散布する。夏に向かってホームセンターの店頭には除草剤がこれでもかと言うくらい山積みで陳列される。それだけ売れるということだ。

除草剤のかかった草をヤギに食べさせるわけにはいかない。実は一度庭木として栽培されていた柾(マサキ)の剪定枝をいただいたら、除虫剤がついていたようで、ヤギたちの調子がおかしくなった。具体的には粒状の糞が一本の塊になった。人間でいうところの下痢症状である。パンやそうめんなどの炭水化物を食べすぎてもこのようになる。餌をイネ科の牧草だけにして様子を見たらすぐに粒状糞に戻ったので安心したが、それ以来より一層薬剤には気を付けるようになった。

果樹畑の農道脇などは、持ち主や管理している方に雑草を刈り取っても良いと許可ももらっていて、草枯らしを撒いたら一報下さる方々もいる。一方で、一度会って許可はもらったけれど、お互い連絡先を知らないという場所もいくつもある。草枯らしを使ったかどうか、わからない場合も多い。しかし何度も通るうちになんとなく草の様子で「撒いた気配」を察知できるようになってきた。怪しければ採らないで別の場所に移動する。

草枯らしを撒いたところは、当たり前だが確実に草が枯れる。場所によっては仕方ないと思う一方で、長らく空き地になっている農地などに撒きまくって、通年で茶色く枯れているところを見ると、暗い気持ちにもなる。

しかし空き地に背丈ほどの雑草を生やしていると、そこがイノシシの寝床になってしまう。ほどよい隠れ場所があればあるほど、イノシシやタヌキなどが里や畑にアクセスしやすくなってしまうのだ。

そんなときこそヤギを除草に！と言いたいところなのだが、空き地と畑地と住宅がまだらに混在するこのあたりでは、はっきりとした山と里畑との境界線や緩衝地帯がなく、どこから手をつけたら良いのか、判断しにくい。

普段広々した草も生えているヤギ舎で自由にしているヤギたちを、見知らぬ草地に連れて行き数時間繋留しても、恐怖と警戒が解けるまでなかなか食べ始めてくれない。ヤギ舎を狭くして一切餌を与えないで半日過ごさせておいてから、柵で囲った場所に連れて行き、放して自由に食べさせるのであれば、もりもりと食べるのかもしれない。ヤギたちにはそれなりのストレスがかかる。

しかも今のヤギ舎の周囲は果樹畑だらけなのだ。もし給餌をやめたら柵を飛び越えるのが得意な玉太郎はあっという間に脱柵して、周囲の果樹畑に乱入するだろう。隣の果樹畑のほうが下草もなくて見晴らしもいいし、雑草としてよく生えている背高泡立草（セイタカアワダチソウ）よりも果樹の葉っぱのほうが断然美味しいのだから、そっちに行くしかないだろう。私がヤギでも絶対果樹畑を狙う。

　除草ビジネスとしてヤギを活用されている方もいらっしゃるので、その気になればできるのだろうけれど、かなりきちん計画的に飼養環境を整えてから草地に派遣しないと、そう簡単には除草してくれないように思うのだった。

赤芽柏（アカメガシワ）は森の先兵隊

六月に入る頃にはオーツ麦や芝麦（シバムギ）などのイネ科の雑草は一斉に穂をつける。ヤギたちは穂が大好きなので刈り取って与えると穂ばかり狙って美味しそうに食べる。

オーツ麦は秋に蒔くための種を収穫しておかなければならないので、六月後半に入って全体が茶色くなってきて天気の良い日が続いた日にクラフト袋を片手に種を採取していく。穂を握って指でしごくように引っ張るとぷつぷつと種だけが手に残る。これを繰り返していく。地味な作業だ。

晴れが続く日を選ぶのは、秋まで種を保管するのにカビがつかないようにするためだ。ひなたに広げて一日干してから袋に入れるのでも良いかもしれない。梅雨とシーズンが重なるのが悩ましいところだ。

この時期には餌には全く困らない。よく採るのはイネ科牧草の他には赤芽柏、苧麻（カラムシ）、葛（クズ）だろうか。どれもヤギたちの大好物だ。日当たりの良い草地にすくすくと生え、刈り取りやすい高さに育ってきている。

赤芽柏は開花シーズンでもある。調べたところ、雌雄異株らしい。名前の由来である新芽と葉柄の紅色がとても美しい一方で、花はクリーム色の穂のような形をしていて、申し訳ないがあまり目を引く感じではない。穂はその後結実して黒い種ができる。

　こぼれた種は日当たりの良いところならどこでもと言って良いくらい発芽する。よく見かけるのが道路脇のコンクリートの僅かな隙間などだ。土が少なそうな場所でもたくましく枝葉を出す。地面から一メートルくらい、まっすぐな枝を何本も伸ばしている頃が、一番大きな葉っぱがたくさんついている。ちょっと片手でたわめて鋸刃付きの草刈り鎌を当てて引くと、すぐにぽきりと折れてくれる。樹皮はするすると剥けやすい。棘もないし、とても扱いやすい。

　何年か経って人間の背丈を超えるくらいに育ち、枝を分岐させる頃になると、不思議なことに葉っぱは小さくなっていく。往時の五分の一程度になってしまう。しかも手の届くところにはつかず、うんと上のほうにだけ繁るようになる。一メートルくらいの木とは言えない時期には赤茶色だった樹皮も、幹と呼んでも良い頃になると白灰色になる。同じ木なのかというくらいの変身ぶりだ。

　典型的なパイオニアプランツであるという記述を読み、なるほどそう呼ぶのかと感心した。強い日差しや乾燥、強風にも負けず、荒れ地に真っ先に生えて大きく育って森を作っていくというのだ。彼らは育ちながら葉を落として地面を肥やし、大きく育って風を遮り日陰を作り、いずれは少ない陽光で育つ椎（シイ）や樫（カシ）、橅（ブナ）などに取って代わられていく。寿命も短いそうだ。赤芽柏（アカメガシワ）はいわば森の先兵隊なのである。
カヨパレスはまさに山と畑地の境界の斜面に位置する。いや、数十年前までは山頂までの斜面全部が畑だったそうで、本来ならば畑のど真ん中だったところだ。今は高い木が茂る山となっているところを歩くと、石垣が積まれ段状になっている。段々畑の遺跡である。遠くから見ても畑だったとは全くわからない。もっと登っていくと、なんとビニールハウスの骨組みが木々に埋もれるように建っている。雑木に混ざって埋もれるように李（スモモ）や夏蜜柑（ナツミカン）の木や茶の木（チャノキ）がひっそり残っている。

畑地も十年放置するだけであっという間に森になってしまうのかと恐ろしくなる。カヨパレスに隣接する草地（耕作放棄地）も、そのまま放置していれば森になって山に呑み込まれていくということだ。いやカヨパレスだって、ヤギを入れる前は藪だったではないか。

草地ににょきにょき生える赤芽柏や野薔薇（ノイバラ）、背高泡立草（セイタカアワダチソウ）などを刈り取ることが、森林化を食い止める第一歩。一段上は背の高い木（おそらくは陽樹たち）が何本も生えていて、暗い森になりかかっている。これらの木を伝って猿の群れが来てカヨパレスに隣接する葡萄（ブドウ）畑を襲撃する恐れがあるため、いくらでも伐ってほしいとヤギ舎の大家さんには言われている。一段上もできれば草地にしたいと思っているのだ。

アカメガシワの花
黄色い穂のような花は多いので感動も薄い
こうして束ねて吊るすと残さずよく食べてくれる
玉太郎
銀角（幼少時角が黒かったのでこの名前になった）
1メートルくらいの高さのが葉も大きくて
アカメガシワの実と種
ちょっとグロテスクな形をしている
よく路端や畑地のフチに生えているヤギたちの大好物
ヤギたちも食べがいがありそう

人間の居住地や畑と藪や森との距離が近づけば近づくほど、山の獣たちが降りてきやすくなる。自治体が開催した獣害対策講座で何度も聞かされたのは、彼らが降りてきにくくなるように緩衝地帯を作る必要性なのだった。ただ猟で獲るだけではなく、降りてこないようにすることが大事なのだとか。

都会にいると木を伐ることは自然破壊、自然は、森は守るべき存在というイメージが強いのだが、人よりも木が増えている田舎では、伐らねばならない木もあるということだ。伐って刈らねばこっちが呑み込まれてしまうのである。

チェーンソーに挑戦

とはいえさすがに木こりの真似事までは……と躊躇していたある日、自分が島を留守するときにヤギの世話を大家さんにお願いしたところ、楡(ニレ)の木をどーんと一本切り倒してきて、枝をチュンチュンと切り払ってヤギ舎に放り込み、ヤギたちのごはんにしている動画を送ってきた。なんと豪快な。ヤギたちも大興奮、喜んで葉をぱくついている。私もやってみたいと、ついマキタの充電式チェーンソーを買ってしまった。

ちなみに草を刈る刈り払い機は後述するがもっと前に購入済みだ。ヤギのために人間の除草能力がどんどん上がっていくのは一体どういうわけなのか。

まずはヤギ舎のすぐ隣の藪と山の境目あたりに生える直径一〇センチ弱の榎（エノキ）から手をつけた。手の届くところに枝はないが、上のほうではたくさん葉っぱつまり御馳走がついている。以前から手鋸でもう少し細めの木を切り倒してきたので生木の感覚は摑んでいる。DIYで使う木材よりも水分が多いため、切りやすく、するすると刃が入る。

さて幹を伐り倒すとなると、たとえ直径一〇センチくらいの若い樹でも、相当な高さ重さとなる。簡単には持ち上げられない。ただし倒れてきたときにはまだ片手でぐっと抑えてよけるくらいは可能なので、危険度は低めだ。初心者向きと言えよう。

草地に向かって倒れるように考えて刃を入れるのだが、ことという方向に倒れてくれないときもあるし、上のほうで隣の樹と枝を絡ませていて倒れてくれないこともある。また、チェーンソーの重さとエンジンが稼働したときの振動を抑え込むように固定するために上半身の筋肉を総動員させるため、筋肉の少ない私はすぐにクタクタになる。

木を倒してヤギ舎の扉を開けると、これまでの格闘を中から観察していたヤギたちがいそいそと駆け寄ってくる。目を輝かせ、五頭で一斉に枝葉にむしゃぶりつく様子はまるでインパラの死骸に群がるハイエナのようで壮観だ。木を倒すというすこしばかり戦闘行為にも似た高揚と、ヤギたちを喜ばせているという達成感とではち切れそうになりつつ、ヤギたちをかき分けては枝を伐り分け、両脇に抱えてヤギ舎へと引きずっていく。

チェーンソーでの伐木作業は危険を伴う。メーカーなどが開催している講習会を受講すると、正しい扱い方を効率よく学ぶことができる。

李(スモモ)も梅も、枇杷(ビワ)の実も葉も

六月は苗代苺(ナワシロイチゴ)が実をつける。ヤギたちの好物というわけではないが、一応食べてくれる。赤くてとても美しく、草地で見かけると思わず摘み取って食べたくなる。実は酸味が強い。控えめだが棘があって刈り取りにくいので、ヤギたちに持っていくことは少ない。

また赤い実つながりで言うと六月後半は李の実が熟する季節でもある。真っ赤に熟するとすぐに柔らかくなるので出荷が非常に難しそうだが、一時期の小豆島では李の栽培がとても盛んであり、今は山になってしまった斜面にも放置され野生化した李の

木がいくつもある。熟した実が地面に落ちればイノシシが食べにやってくる。

　家の近所には李が三本植えてある土地があり、きちんと持ち主の方が定期的に下草も刈り、収穫にもやってくるのだが全部は収穫しきれず、地面に実がボトボトと落ちる。それを狙ってイノシシがやってくるので、許可をもらってはこわなを設置した。落ちた実を拾い集めてはこわなに入れたりしている。はこわなはとても重くて人一人では動かせないため、通年置きっぱなしで仕掛けも入れっぱなしにしている。

　置かせてもらってから毎年一頭はこの時期にかかる。たいていそそっかしいちょっとバカな若い雄イノシシである。そもそも大きく育った猪はそれまで生き延びただけあり、知能も高く非常に疑い深いので、仕掛けを外した状態でとびきりのご馳走を毎日入れて散々餌付けでもしない限り、引っかかってくれないようだ。

　李の実はそのまま食べることが多いがあまりにもたくさんいただいたときには、砂糖を入れて煮てシロップやジャムを作る。シロップはシナモンやクローブを効かせて炭酸水で割って飲む。夏中に消費し切る量を作るくらいが良い。この時期は梅仕事のシーズンとも重なるので忙しいとどちらかだけになってしまう。料理の上手な島の知人は青い李でアチャールを作っていてこれが絶品なので、いつか教わろうと思っている。ちなみに李の葉も梅の葉もヤギたちは好んで食べる。

もう一つ、忘れがちだが六月後半には枇杷（ビワ）の実のシーズンでもある。ヤギ舎近隣の枇杷の木はほぼ野生化していて小さな実しかつけないが、島の北部は枇杷栽培が盛んできちんと袋がけして大きく育てた実を出荷しているようだ。ときどき出荷できない実をいただくこともある。枇杷の葉はヤギたちの大好物。伐採枝をいただく冬季にまた登場していただく。

ヤギが五頭体制になるまで

カヨは茶太郎との子どもを二頭（雄二頭、金角と銀角）産んだ後、こちらが止める間もなくまた妊娠してしまった。授乳しながらの妊娠ですっかりやつれ果ててしまう。ちょっとは休んでほしいのに、全員同居の放し飼いではそれも難しい。かといってみんなで楽しくやっているのに茶太郎だけ隔離するのもかわいそうだ。なにがヤギたちにとって楽しく幸せなのか。それに自分はどこまで応えられるのか。

散々悩み抜いた末に、三回目の出産でカヨが雌二頭を産んだ直後に、茶太郎を去勢することに決めた。ちょうど半年前に生まれた雄二頭のうちの一頭、金角を繫留時の事故で死なせてしまったこともあり、これ以上増やして自分の管理が行き届かなくなることの怖さを思い知ったところでもあった。

成獣になってからの去勢は強い痛みも伴うのだが、麻酔を使って手術してくださる獣医師も見つからなかったため、自分で子ヤギの去勢と同じように睾丸の根本をゴム紐で縛った。四肢を縛って頭から袋を被せて目隠しをしてから行った。少しでも私にやられたとわからないようにと思ってのことだ。睾丸が落ちるまでには一ヵ月ほどかかり、茶太郎も時々しゃがみ込んで痛そうにしていて気の毒であった。けれども私を憎んで襲い掛かってくることもなく、男性ホルモンの低下?とともに猛々しさも雄臭さも減少して多少飼いやすくはなった。

生まれた雌二頭は、茶太郎と一緒にやっ

てきてカヨとどうしても合わなかったおじさんヤギ、まさおの飼い主になってくださったご夫婦が、二頭一緒に引き取ってくださった。まさおひとりで寂しそうだからとのことだった。ヤギは同腹の兄弟との絆が深く、離れ離れにすると情緒不安定になるのは玉太郎を見ていて思い知らされたので、二頭一緒にという申し出は本当にありがたかった。

うちはもうこれでカヨ、茶太郎、玉太郎、銀角の四頭でやっていくのだ。これ以上は絶対に増やさないからね。そう決め安堵した矢先に、なにやらカヨの腹と乳房が大きくなってきていることに気が付く。もしや、また妊娠?? 茶太郎?? おまえまさか……。いつのまに仕込んだ??

メーエ。

茶太郎は一〇メートルほど離れたところから私を見据えてあざ笑うように一声鳴いて、口を動かして反芻している。ああああ。

カヨは三連続の出産でさすがに体力の限界に来ていたのか、一頭だけ産み落とした。茶色い雌だった。これまでは二頭ずつ産んできたので、一頭は途中で流産したのではないかと思っている。最後の一頭は、茶太郎最後の渾身の一滴という意味を込めて雫と名付けることにした。最後の出産から三年目となり、カヨはすっかり体調を戻して、また産みたい‼と発情期が来るたびに叫び、私に頭突きしてくるようになった。

かつてのお相手茶太郎は、最初の頃はカヨに迫られても交配できない自分に落ち込んでいるようだったが、持ち前の明るさで?居直った。カヨが発情して鳴いても相手にならず、砂浴びしてくつろいでいる。あまりにもしつこく絡まれるとうるさいと言わんばかりにカヨに頭突きをして追い払っている。

こうして今日も五頭、カヨをリーダーとした群れなのか家族なのか、よくわからないけれど、不思議な結束を保ちながらカヨパレスの中で暮らしているのだった。

七月

豪雨にも
耐えて文月 カヨパレス
苧麻刈り取り かたつむり転々

風雨とヤギ舎

二〇二〇年七月は雨がたくさん降った。六月中には梅雨入りしていたはずなのだが、それほど降らずに七月に入ってからがすごかった。これも梅雨と呼んでいいのだろうか、全国各地では河川流域などで豪雨災害が起きた。

小豆島では昭和四十九年、五十一年と二度も台風による大規模豪雨災害に遭っている。私が最初に住んだのは昭和五十一年の災害で流されたあとに建てられた家だった。人間は避難できたけれど、犬は避難しきれず亡くなったと聞いている。流されたあとに土を入れて畑を作っていた隣家のおばあさんが、流されたところと流されなかったところとでは、今でも作物の出来が違うと言っていたのが、忘れられない。

新しく引っ越したところは流されはしなかったようだが、この道が川になった、あの橋は流されたなどなど、恐ろしい話を聞かされる。ここ数年の集中豪雨被害は桁外れの規模であることが多いので、豪雨が来る度にソワソワするのであるが、近所の人たちはこの程度の降り方ではまだ全然大丈夫と笑っている。当時の降り方がそれだけ壮絶だったらしい。水害に遭ったことがない私は心配で仕方がない。

豪雨災害に遭ったらどうするか。飼養しているヤギ五頭・イノシシ一頭を避難所に連れて行くわけにはいかないし、畜舎から逃げ出しても大変なことになるし、かといって畜舎から出られなくなって死なせてしまうのはかわいそうだしと、いつも心を痛めている。

ヤギたちは水を嫌う。カヨを沖縄の牧場から連れて来た友人からは、とにかく足元をぬかるんだ状態にしておくとすぐに死んでしまうから、水だけは気を付けてと厳命された。草を食べるのだから土の上がいいだろうと漠然と思っていたのであるが、ヤギ自身は普段からコンクリートの上にいることを好むので驚いた。注意して見ると海外のヤギの群れなども岩山などを歩いている写真が多い。

カヨパレスに引っ越してからは、コンクリート床はない。不要になった木製パレットを貰って来ては、地面に敷いて雨の日のぬかるんだ地面に立たなくて済むようにしていたのだが、腐食処理をしていないからなのか、糞尿にさらされるからなのか、木製パレットはあっという間に傷み朽ちてしまう。板が取れたところは釘がむき出しになるのでとても危ない。

ちなみに屋根はビニールハウスの金属の枠に紐をかけ、ビニールシートを張り巡らせて作っていたのだが、豪雨では雨漏りもするし、暴風のたびにずれたり破れたりで、どうにもならない。紫外線にも弱く、すぐに劣化してしまう。ブルーシートで家を作るホームレスの人たちは一体どうやって凌いでいるのだろう。

豪雨や台風のたびに修理に追われるのに疲れ果て、腹を括った。二年前のことである。金属枠に足場パイプを渡して固定し、波板で屋根を張り、床には樹脂製のパレットと軽トラの荷台に敷く丈夫で堅いゴムマットを購入した。

パレットを屋根の下の地面に敷き詰め、ゴムマットを上に被せた。これで腐敗に怯えることなくヤギたちの足場を守ることができる。分解解体も可能だ。大家さんにヤギ舎を返還することになっても更地に戻すことができる。

この屋根と床の間にヤギが入ることができる箱をいくつか、高さ九〇センチ、奥行九〇センチ、幅一二〇センチ前後で、コンパネや廃材を利用して作り、配置している。中には簀の子やパレットを敷いて、糞尿を中でしても身体に付着しないようにした。

ヤギは狭いところが好きだと聞いていたのだが、カヨは見晴らしがよいところを好むので大抵箱の上で寝そべっている。箱を二頭一緒に入れるくらいの大きさにしたのは、寒いときには二頭ペアで入って温め合うことができるようにという気持ちだ。大きすぎては寒いだろうし、ぎゅうぎゅうぴったりの箱も作ってみたけど人気がなくて昇降台代わりになっている。雨風を防ぎたいときは箱の中で寝たりと、好きに使ってもらえているようだ。

本当はもっと堅牢な小屋を作ってやりたいのだが、カヨパレスはいずれ果樹園になるので、コンクリートなどを使って基礎を固めることはできないし、私自身にそこまでの土木建築技術がないことも大きい。

カヨパレスは斜面に建っているので大雨が降ると少しずつ土砂が下へ下へと流れていく。隣接した山が崩れてきたら心配だが、斜面の傾斜がそれなりにあるせいか、パレス内に水がたまることはあまりないのが救いだ。パレスの地続きにある段々畑状の草地には、雨が続くと水たまりができ、イノシシが水浴びするヌタ場になっている。

騒然、頭突き食事会

七月の大雨は、小豆島では私が心配するほどの量にはならなかったが、晴れの日がとても少なかったためか、地面がグズグズになった。雨が降れば草は濡れる。ヤギたちにあげるために刈り取る草が濡れたものばかりになるのはどうやら好ましくないようで、干し草をあげると待ってましたとばかりにむしゃぶりついてくる。濡れた草のなにが良くないのか、よくわからないままに、雨の日は干し草をたくさんあげるようにしている。

屋根のある部分はそう広くないので、刈ってきた草や枝葉を置く餌場は雨の当たる場所にある。晴れの日は良いのだが雨が続くと不憫である。干し草は屋根下のスペースにコンテナを並べて与えている。

餌場にも屋根をつけてあげたいのはやまやまなのであるが、なかなか難しい。原因は五頭の戦闘的食事スタイルにある。仲良くみんなで並んで食べてくれればいいのであるが、そんな状態は一分たりとて保持されたことがない。

トラックの荷台に山盛り積んできた餌を私が両手で抱え、何往復もしてヤギ舎に運び入れるのであるが、まずは一番大きな角を持つ茶太郎が最初に駆け付け、一番美味しそうな草や枝に齧り付く。もし誰か他のヤギが先に駆け付けていたとしても、頭突きして追い払って最新の食事を一番に摂る。カヨは群れのリーダーなのだが、純粋な喧嘩では茶太郎に敵わないので、一歩引いた形で次点の立ち位置を確保する。

たいてい一回目に持ってきた草は、茶太郎とカヨに占有され、他の三頭は頭突きされないような角度から首を伸ばして草をつつこうとする。玉太郎などは私の脇をすり抜けて外に走り出て、軽トラの荷台に飛び乗って抜け駆け早食いを決め込む。

早く第二の山を持ってきてやろうと、軽トラに戻り荷台から玉太郎を引きずり降ろす。草や枝を両手いっぱい抱えてヨタヨタ速足でパレスに入ると、茶太郎とカヨはすぐに目移りして新しい草に群がろうとする。どっちも食べようとするのだ。シェアの精神皆無だ。だからこそ第二の餌場は少し離れたところにして、銀角や雫が食べていても茶太郎たちの攻撃を受けにくいように工夫しなければならない。

こうして餌の束を離れ離れに五つ、地面に触れないように枯れ枝を山にした上に載せる。それでも茶太郎はあっちもそっちもいやこっちにも美味しい草があるかもしれぬと欲深く駆け回るので、そのたびに誰かが押し出され、別の餌場に移って誰かを追い出す。そうして結局全員が餌場をぐるぐる駆け回りながら食べるのである。会食ならぬ回食。バイキング形式といえなくもないか。じつにせわしない。

玉太郎は角がないために五頭の中でも弱い立場にあることも手伝い、この頭突きゲームのような食事から抜け出して軽トラに乗り込んでくるのだ。とても賢いけれど、餌を全部積み下ろす頃にはパレスにもどって頭突き食事会の輪に参加しなければならない。とまあそんな具合で餌場が広範囲に点在するために屋根をつけることが難しいのだった。

雫は一番身体のサイズも小さいし、カヨがいまだに子どもとして扱うために、カヨの横にいても頭突きを受けないで美味しい草を食べられる。末っ子特権である。ただしそれもだんだんと薄れてきて最近は頭突きされて違う場所に移るようになってきている。カヨや茶太郎が見向きもしない（おそらくはヤギの中では御馳走ではない）ヨモギなどをせっせと食べているのを見ると、ちょっと切ない。

銀角はおっとりとして人間にも一切頭突きをしたことがない、とても優しいヤギなのだが、だんだん身体とともに角も大きくなってきた。これまでは玉太郎の弟分として大人しくしていたのだが、どうやら自分の身体の大きさに目覚めたようで、玉太郎を負かすようになった。とはいえカヨや茶太郎にはまだまだ敵わない。銀角が餌を運んでいるときに外に走り出ていくことは、めったにない。辛抱強く自分が食べる分が運び込まれてくるのを待つ。玉太郎のように一口でも多く早く新しく美味しい草を食べるために外に出ていくタイプとは真逆だ。

このように食事は彼らの食の好みだけでなく強弱関係や性格がはっきりと出る場なのである。

ヤギ牧場では横に板を渡した隙間から頭を差し入れた先に餌箱を置いている。隙間は頭がギリギリ通る高さになっている。何も知らないうちは食べにくそうだと思っていた。しかしあの方式がお互いに頭突きをしないので、全員が平等に餌を食べることだけに集中できる。実によく考えて作られている。ただしあの餌台を適用するには全頭徐角、つまり角を切り落としておく必要がある。茶太郎のような大きく曲がりくねった角をくぐらせるのは、ちょっと難しい。

刈り払い機

さて七月。草の成長もとんでもなく早い。近年八月は暑すぎて成長が頭打ちになるため、七月が年間通して一番の成長期ともいえる。根こそぎ刈り取っても十日も経てばぐんぐん伸びる。

草の種類としては葛（クズ）と苧麻（カラムシ）と芒（ススキ）、野葡萄（ノブドウ）など。イネ科の雑草である狗尾草（エノコログサ）と雌日芝（メヒシバ）も勢いよく生えてくる。穂をつける前までの柔らかな葉を刈り取ってやるととても美味しそうに食べてくれる。狗尾草も雌日芝も、ヤギを飼うまでは年がら年中生えている雑草というイメージだったのだが、生い茂っている期間はそれほど長くはない。寒い時期から青々と生えていた羊蹄（ギシギシ）は花をつけるシーズンである。葉も花も食べるのであるが、虎杖（イタドリ）と同じくシュウ酸を多く含むのであまり食べさせないようにしている。よくはびこる雑草なのでとってほしいと言われるのが辛いところ。根がとても深くて道具を使わないと引き抜くことは難しい。

そして雑草として誰もが思い浮かべる栴檀草（センダングサ）と背高泡立草（セイタカアワダチソウ）、そして待宵草（マツヨイグサ）が、梅雨明け頃からずんずんと台頭し始める。どれもヤギたちの喰いは悪くない雑草たちなのだが、なぜか栴檀草は、七月中は絶対に食べてくれない。ヤギ舎の中にもたくさん生えてきて、もさもさに繁茂する。そしてどういうわけなのか八月上旬になるとやっと口をつけ始める。味が変わるのだろうか。

草地の草たちは、こうして放置していても順繰りに芽生えて育っては枯れるを繰り返していくのであるが、ときどき刈り込んでやるほうが、育ちすぎて不味そうな草が混ざらなくなることに気づく。刈るほうがヤギにとっても美味しい草を採ることができるのだ。ヤギを飼うときにはこれで草刈りしなくても済むと思っていたのに、結局うるさいと嫌っていた刈り払い機を買うことにした。

刈り払い機を買った当初は使い方がよくわからず、腕だけで操作してよく肘や手首を傷めた。胴体に引き付けるようにして持ち、体幹を使うようにして使うのと、腰より上に持ち上げて使わないように気を付けていればなんとか使いこなせる。私はとにかく筋力がないため、軽くて音も小さいマキタの充電池式刈り払い機を使っている。

一般的に島の男性（基本的に刈り払い機を使った草刈りは男性の仕事と認識されていて、女性が手を出すことはほとんどない）が使っている刈り払い機は、二サイクルエンジンでガソリンとオイルの混合燃料を使用するタイプのようだ。重いけれども燃料を足せばいくらでも動くので、充電池式より長時間の使用が可能だ。軽トラに刈り払い機と燃料を積み込んで遠隔地の広大な草地にやってきて、丸一日かけて何度も燃料を継ぎ足しながら草刈りしているのは、ほとんどが中高年男性だ。かなりの重労働だ。

私はヤギ五頭が一日に食べる量以上は刈らないと決めて、腕を酷使しないようにしている。やりすぎて傷めたり疲労から怪我をすれば、毎日の作業が滞ってしまうからだ。それに草は一日で萎れてしまう。ほとんどの雑草は新鮮な状態でないとヤギたちは食べてくれない。枯れても食べてくれるのは限られた草のみ。

刈り払い機で刈り取った草を山盛りに餌場に積むと、ヤギたちは自分の好みの草を上手に選り分け探しながら食べている。食べられる草がどれくらい入っているのかがよくわからないので私としてはあまり好きではないのだが、ヤギたちは選びながら食べることが嫌いではないらしく、楽しそうに草の山の中に頭を突っ込み、好物の草を見つけては口でつまみ出してもぐもぐ食べている。翌日行くと草の山は萎れていることもあり、ぺしゃんこになっている。

刈り払い機を使えばすごい勢いで草がなぎ倒されていく。ちょっと気持ちよくなるのは確かだ。ただし拾い集めるのが難儀なのだ。散らばってしまうためか、刈り取ったと思う量を集められたことはない。刃の入れ方が悪いのか、刈ったと思っていたのが倒れているだけという場合もある。むしろ鋸刃の草刈り鎌で手刈りするほうが、ヤギの好きな草をピンポイントで狙って刈り取ったり、地植えの苗や石や杭を避けて雑草だけ刈り取ることもできるし、ここと意図する場所に積み上げることもできる。ヤギの餌として草を刈り取るならば、手刈りのほうが効率がよいのではないかと思う。鋸刃だと太く硬くなった茎も楽々刈ることができる。

ただし手刈りでは「綺麗に草刈りした」と周囲にアピールできる仕上がりにはならない。当地では草地をぼさぼさにしているよりはピシッと地面が見えるくらい根こそぎ刈り取って綺麗にしている人が「しっかりしている」と評価される傾向にある。ヤギ飼いの本音としては、ヤギが好む草については先端を延々と摘み取ることができればむしろ適当に草を生やしておきたいくらいなのである。しかしヤギ飼いとて集落の一員。雑草を刈るならば役に立っているように見せることも少しは考えねばならない。

ちなみに刈り払い機で地面が見えるくらい根こそぎ刈ると、すぐに刃が鈍(なまくら)になってしまう。また私が刈っている草地（元農地）には石や農業資材の紐、コンクリ塊などが草に隠れて転がっていて、刃に当たって歯を歪ませたり、刈り払い機に絡みついたりと地味に嫌な邪魔をしてくることが多く、刃の寿命が短めだ。買い換えるコストもバカにならないし、不燃ごみが増えるのが悲しい(錆びた刃は、ガーデンオブジェとして需要があるようで、メルカリで売買されていた。次は捨てずに売りたい)。

刈りすぎ注意

草刈り鎌の良いところをもうひとつ。持ち運びが楽なことだ。ヤギ舎の周りの草地や畑は傾斜地にあるためどこも段差があり、柵の出入口が遠い場合もある。刈り払い機を軽トラに積んで持ってきてもそのあとの運搬が地味に大変なのだ。それにそれぞれの畑が害獣よけに厳重に網で覆われていることもあり、出入りも網を捲ってくぐったりと楽ではない。重いわけではないが変な形をしているしあちこちに引っかかりやすいうえに刃が付いているので、下手に転べば怪我をする。

近隣の果樹畑にいい具合に生えそろった苧麻(カラムシ)は、十日くらいかけて手で刈り取り続けた。畑の中に地植え苗もあるし、軽トラを停めた農道から遠く入り組んだ道と段差を降りなければならなかったためだ。畑一枚分刈り取った頃で、左中指の関節に痛みが走った。

苧麻は大葉に似たような形の葉をしていて、裏を返すと白く柔毛が生えている。昔

逃げ腰の
玉太郎
枝山の対面に陣取ると
お互い頭突きしにくくて
平和に食べられる。
時々山を越えて
頭突きしたり……
最近強気の
銀角
ヤギたちの
大好物
カラムシ
はじめて見たときは
大葉かと思った。
裏が
白い
初夏から
晩秋までメリ取り
可能
九月頃から
花が咲きはじめる
茎の途中につく。
カラムシとまちがえ
やすいヤブマオ
こちらあんまりおいしく
ないらしい……
先端に花がつく。
葉裏は表と同じ色
食べすぎ
注意
落ちた
スモモを
食べる茶太郎

は茎から繊維を取り布にしていたという。調べてみたら越後上布や宮古上布の原材料だった。一反数百万と言われる大変美しい高級布だ。すべてほぼ手作業で制作しているそうなので、高級なのもむべなるかな。

苧麻(カラムシ)は棘もなく茎はまっすぐで刈り取りやすくとりまとめやすいし、生でも干してもヤギたちは喜んで食べる。理想的な餌だ。しかもいくら刈っても根があるかぎりはじゃんじゃん生えてくれる。今は用途がないので農家からは雑草扱いされている。日当たりの良い土地を好むようだ。カヨパレスの周りではよく見かけるのだが、島ならどこでも生えているというわけではない。内陸部の二集落は特に多く群生している。大昔に栽培していたのだろうか。

苧麻の仲間で藪苧麻(ヤブマオ)という草も生えているが、これはうちのヤギたちは全く食べてくれない。苧麻と同じように繊維が取れるし葉は染料にもなる。よく似ているのだが藪苧麻は葉の裏が苧麻ほど白くないので見分けられる。

七月が終わる頃には指関節の痛みは加速し、腫れもでてきた。指関節が腫れるなんてもしかしてリウマチでは⁉と慌てて検査を受けたところ何事もなく、指を酷使していたためと診断された。鎌を使う右手よりも、草を掴む左手をあと少しと、中指を伸ばしてもう一つまみひっかけて持ち運んだりしていたのだが、それが負担になっていたようだ。気温も高くなってきたし、しばらく手刈りは控え、刈り払い機を少しだけ使い、干し草を多めにやることにして、様子を見ることにした。

八月

繁る葉の月酷暑でも
ヤギの食欲衰えず摑み引く蔓

猛暑到来

豪雨騒ぎが終わる頃、太陽はこれまでのしとしと雨だの、土砂降りだの、どんより雲と晴れ間の爽やかな風、といった梅雨や初夏の名残をなにもかも脱ぎ捨て、むき出しの狂気を露わにする。真の夏がやってきたのだ。

八月に入る頃にはあまりの暑さに記憶が飛び、冬に緑を追い求めて軽トラで常緑樹のある山奥に分け入ったり、春一番に烏野豌豆（カラスノエンドウ）が生え始める日当たりの良い斜面まで足を延ばした日々が、すべて幻のように思えてくる。あれらすべては前世の記憶で、生まれてからずっとこの真夏の地獄の中で息を切らせ喘いでいる気がしてくる。

いや待て。冷静に昔の記憶を手繰り寄せる。自分が子どもだった頃は三〇度を超えたら夏なのだと思っていた。もともと寒がりにして運動嫌いだったこともあり、夏に海やプールに行っても、ああもう暑いからざぶんと頭から水被りたい海に入りたい、なんて思えたためしもなくて、プールの授業が憂鬱で仕方がなかった。

調べてみたら中学一年生だった一九八〇年は記録的な冷夏だった。冷たいプールに入らされた夏のトラウマが今も記憶にこびりついている。一九八一年以降は普通の夏を過ごしたはずなのだが、それでも暑くて汗をかいた記憶がほとんどない。冷房をつけて寝たこともない。いやそもそも冷房が自室にはなかった。なくても特に困らなかったのだ。

それが近年地球温暖化のためなのか、八月の最高気温は三五度を上回る日が出現。二〇一九年は七月末から高松の最高気温は三五度にかぎりなく近い、まるで体温計のような数値を叩き出し、これから一ヵ月どうやって暮らしたらよいのかと絶望したものだ。二〇二〇年の八月は初めの一週間はそこまで暑くならなかった。これならなんとか暑くても平穏に生きていけると喜んでいた。しかし願い空しく十日を過ぎるあたりから灼熱地獄に突入し、冷房なしでは眠れなくなった。

ヤギの世話はなるべく早朝か夕方（もしくは両方）にするのだが、それでも頭の先から靴下までびしょ濡れになるほどの汗をかく。三十代の終わりにヨガを始めてから少しずつ体質が変化し、汗をかける体質に改善していた。草刈りは結構体力を使うので、晩秋であってもインナーが濡れるくらいには汗をかく。しかし真夏日の草刈りで流れ出る汗ときたら、本当に服が絞れるくらい出てくる。かといって長袖長ズボンに長靴スタイルを崩すことはできない。首にはタオルを巻いて、顔の部分に網がついた虫よけ帽子で完全に肌を覆う。少しでも肌を露出させれば、あっという間に虫の餌食となるからだ。

寝坊して朝遅めに世話を始めたり、小屋の整備など作業を欲張って十時を回ってしまうと、猛烈な暑さで朦朧とし息があがってくる。一歩間違えば熱中症になってしまう。水分塩分をこまめに補給して、ふらふらしてくる前に早めに仕事を切り上げるのがコツだ。

汗で服を濡らさないほうが身体が楽と聞き込み、一時期、空調服をつけていた。服の中に風を送るのだ。しかしこの服はリチウム電池と扇風機が内蔵されているので結構重くて動き辛くなる。どうにも継続して着用する気になれなかった。

家に戻ったらすべての服を剝がすように脱いで洗濯機に放り込み、シャワーを浴びる。あまりにも身体が火照ったときは水シャワーだ。髪を乾かし冷房を効かせた部屋で一息つくと極楽すぎて白目をむいて口を開けて寝てしまうときもある。死なずに起き上がれるだけマシだが。

これを一日二回もやっていると仕事をする時間をとれれば上等となり、食事を作らず果物と納豆と菓子パンを食べて暮らすことになる。せっかく小豆島にいるのだから海に入りたい気持ちはあるのだが、そんな体力はどこにも残っていないのだった。

そんな日々でもなぜかヤギたちは夏バテもせずに元気だ。全員の母親であるカヨが沖縄出身だからなのだろうか。飼っている猪のほうは、セメントで作ったプールに浸かりっぱなしとなり、食欲も半減してぐったりしているのに、ヤギたちの食欲は衰えないどころかむしろ旺盛になっている気さえする。夕方の餌やりに遅れて暗くなってから行こうものなら、みんなでそれぞれにメエエエエッと抗議の声をあげ、茶太郎などは扉にガンガン頭突きして音を響かせ大きな角をアピールしてくるのである。

茶太郎の隠れ家

暑さに強いヤギたちも無敵というわけではない。夏に湧いてくる虫には往生している。都会に住んでいた頃は、虫といえばヤブ蚊と台風前後の羽蟻くらいしか思い浮かばなかったが、小豆島では虫は蚊のような形態だけで

も何種類もいるし、その他に叢（くさむら）にはマダニも潜んでいる。足首を露出したままちょっと草刈りしただけでマダニに喰いつかれたこともある。マダニに喰いつかれたら必ず感染症にかかるというわけではないが、要注意だ。そして困ることに喰いつかれてもしばらくは感覚がない。

数日して痒くなって気が付く頃には喰いついた部分を固定する物質を出していて、下手に引っ張ると胴体だけ取れて口が残ってしまう。専用の道具でうまく取っても何カ月も痒みが残る。やっかいなことこの上ない。ヤギにも時々ついてしまう。

しかしヤギにとってなにより面倒なのはサシバエとアブだろう。サシバエは人間も刺してくる。ちくりと痛い。目立つだけかもしれないが、白いヤギのほうがたくさんサシバエを胴体にとまらせているように見える。

馬や牛なら長い尾で胴や腹に止まるのを振り払うことができるのかもしれないか、ヤギのしっぽは二〇センチくらいしかないのでブンブン振っても追い払い効果は限りなく少な目だ。後ろ足でダンダンと足踏みしたりして追い払おうとしている。なんとか虫を少なくできないのかと思うのだが、ほぼ外みたいな造作の寝床では、防ぎようもないのであった。ところがこの夏は自衛に乗り出したヤギがいた。茶太郎である。

ある日夕刻早めにヤギ舎に行くと茶太郎がいない。夏のヤギ舎は奥半分に蕨（ワラビ）、手前に栴檀草が丈一メートルくらいに生い茂っている。蕨の合間にヒョロヒョロ生えている虎杖などを食べているのかと思ったが、それならば草の海原をよく観察すれば多少の痕跡を見つけられる。それがない。他の四頭は寝床の箱から降り入り口付近までやってきて私がどんな草を持ってきたのか値踏みの視線を投げかけているのに。まさか脱走？　キングの茶太郎が？

角がなくいじめられがちなのに不屈の知恵と魂を持つ玉太郎が、脱走するのならわかる。実際彼はヤギ舎をくまなく調べ上げ、ヤギ舎の奥で私が滅多に行かないところでワイヤーメッシュ（ビルの基礎工事に使う直径四ミリの鉄鋼の溶接網、現在は猪などの防除柵としても人気）ではなく金網だけで覆われている部分を見つけ出し、根気よく身体を擦り付けて穴をあけた。そしてひとりだけこっそり抜け出して外の美味しい草を食べては何食わぬ顔で戻ってきていたという犯歴を持つ。

草をあげに行っても玉太郎のお腹だけがやけに膨らんでいるのでもしやと調べて発覚した。玉太郎はヤギ舎に隣接する葡萄ハウスや無花果畑などの作物の食べ頃にも誰よりも敏感な、実に恐ろしい知能犯ヤギである。実が熟すると、私の隙をついて扉をすり抜け畑を襲おうとしている。

しかしそれは与えられる草の美味しいところを茶太郎やカヨに独占されがちで、思うように食べられていないから。外へ出ていくことに知恵を絞っているのも、同じ理由だ。角が大きく喧嘩も強い茶太郎は、舎内でいばりくさって私が持ってくる草も美味しいところを食べたいだけ食べてのほほんと暮らしているのだから、脱走する必然性は極めて低い。

「茶太郎、ごはんだよー」叫んでみた。

しばらくしてゴウン、ゴウンという金属音が響いた。一瞬の間がありガサガサと蕨（ワラビ）をかき分ける音とともにパレットの廃材を積んである山の上に茶太郎が姿を現した。どういうこと⁇

パレット廃材の山の後方には暖房機がある。暖房機と言ってもビニールハウス用のもの。重油を焚いて熱風を出すそうだ。このヤギ舎が現役のビニールハウスだった頃には中を暖めるのに使っていた。もちろん今は壊れていてただのガラクタだ。ヤギ舎に改造できないかと思ったが大家さんにそのままにしておいてほしいと言われている。大人の背丈ほどの高さで下部五〇センチほどの一部が柱だけで空いている。

たまにヤギたちが潜り込んでいるのは知っていたけれど、今の季節は周りにびっしりと蕨が茂っていて近づけないのだが。翌朝ヤギ舎に行っても茶太郎は現れないので蕨をかき分けて暖房機のところに行ってみた。見下ろすと茶太郎の蹄が見える。しゃがみ込んで覗くと、予想通り茶太郎が座り込んでいた。頭をボイラーの筒状の部分に突っ込んでいる。胴体は屋根と枠組みがあるところに収まっている。そこでぐっすり眠っていた。ゴウンという金属音は起き上がるときに角が筒に当たる音だった。

虫から逃れて

ヤギは狭い箱のような空間が好きと言われているのだけれど。蕨の叢と筒で遮断され、虫が寄り付きにくいのだろうか。それとも涼しい？　いや、もしかしてカヨとの折り合いが悪くなってヤギ舎内別居したいとか??　さまざまな仮説をたてたのであるが、秋になってアブが去ってサシバエも減り、蕨も食べられてスカスカになる頃にはみんなの寝床に戻っていたので、日よけと虫よけのために暖房機の下で寝ていたと思われる。

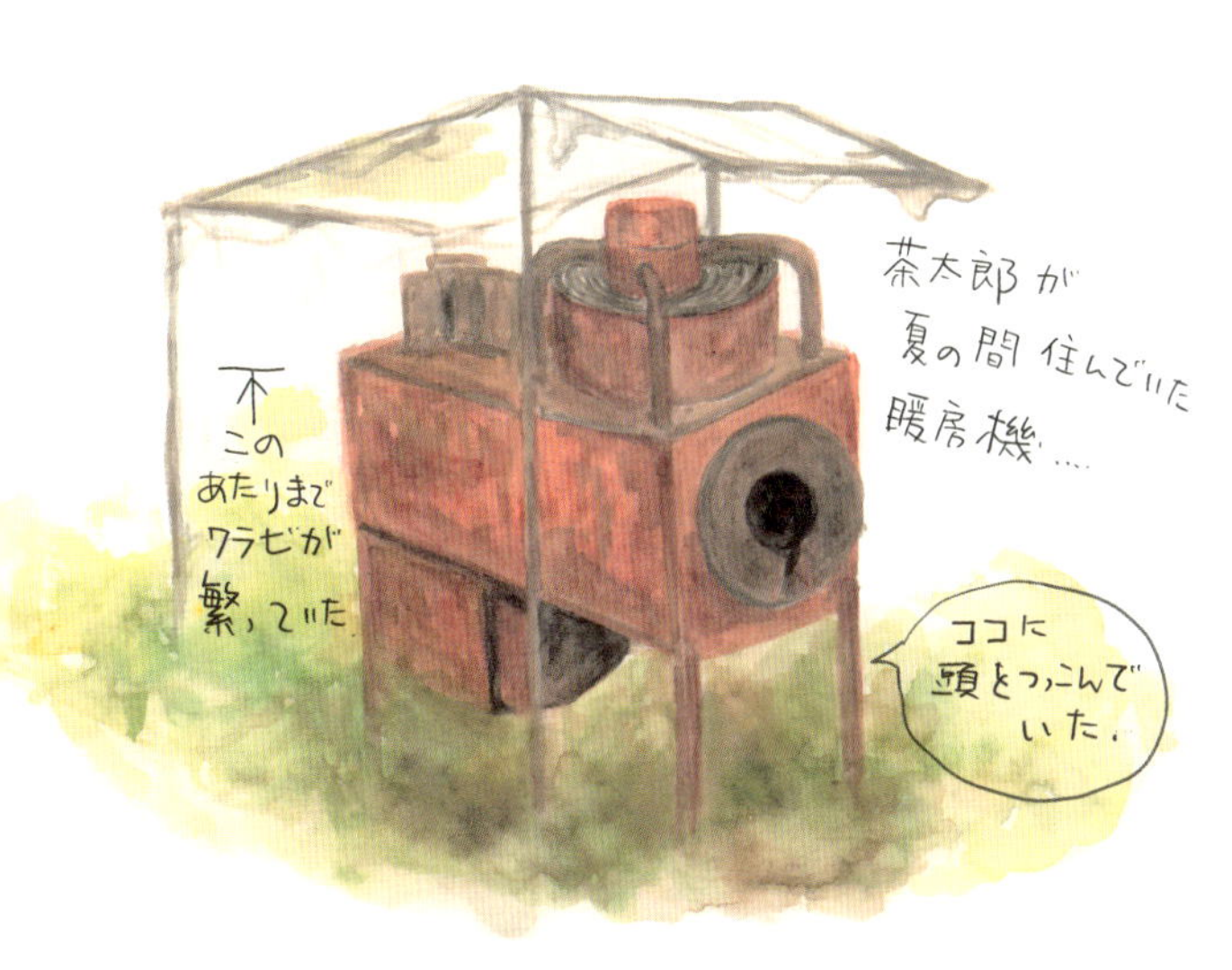

茶太郎が
夏の間住んでいた
暖房機…
このあたりまでワラビが繁っていた
ココに頭をつっこんでいた。

この暖房機、茶太郎が興奮して攻撃的になったときに、カヨが避難シェルターとして使うようにもなった。枠があるので頭突きから守ってもらえるようだ。茶太郎が頭を振って走り始めると、ささっと暖房機の下に入っている。面白いので似た構造の虫除けシェルターを廃材や網などを利用して作ってみようかと思っている。

ヤギたちにはイベルメクチンという駆虫薬を月に一度投与している。蚊が媒介する寄生虫とダニに効果があり、たしかに叢のなかを自由に歩いている割にはマダニがつくことは少ないように思う。水色の薬液を脊髄に沿って垂らしてやる。皮膚から吸収するそうだ。薬の容器に注射筒を差し込んで薬液を吸い上げ、ヤギたちの背中の毛を掻き分けてツッーと垂らす。

冷たい液体で背中が濡れる感覚が嫌なのか、玉太郎と銀角と雫は注射器を見ただけで逃げ出してしまう。山盛りの餌を食べているときに背後から近づいて首輪を掴み、首から腰にかけて注射筒の先端を押し付けながら薬液を押し出していく。素早く済ませたいけれど、首から腰までまんべんなくつけるほうが良いのではないかと思うので、一瞬では終わらない。半分くらい垂らしたあたりで身を捩(よじ)らせて逃げられるとなかなか捕まってくれず、追いかけっことなる。全員投与し終わるのに三日もかかるときもある。

楽に採れて美味しい葛（クズ）

初夏から秋にかけての御馳走といえば葛である。苧麻（カラムシ）もひき続き茂っているのだが、七月に畑の下草刈りを引き受けて苧麻を手刈りし続け手指を痛めたため、八月は葛や榎（エノキ）、楡（ニレ）、赤芽柏（アカメガシワ）を採りに行くことにした。これらの何が良いかというと、採取にしゃがまなくて済むことだ。苧麻は草丈せいぜい六〇センチなので手で刈るには延々とスクワットをしながら進まねばならない。骨盤底筋を締めていれば腰痛になりにくいが、骨盤底筋の他、足の筋肉をたくさん使うのでその分汗も大量に噴き出てしまい、家に戻ってから机に向かうまでの時間もかかってしまう。同じ作業でも気温二〇度前後ならば、ここまで疲労はしないのだが。

葛は蔓性のため地面を這っている場合もあるが、大抵の場合は前年、いやもっと前の年に枯れた茎の上などに絡まって繁茂しているため、腰の高さになっていることも多い。しかも引っ張った状態で、ちょいちょいと二度ほど鎌を入れればごっそりと採れるので楽なのだ。問題は道路脇の斜面に生えていることが多いので、除草剤攻撃にあっていないかを見極めなければならないことか。それと葛についたカメムシが身体に移るので車の中までカメムシ臭くなる。すっかり慣れてしまって自分は気にならないのだが、誰かを助手席に乗せるときには掃除と換気が欠かせない。

季節で変わる味？

ヤギならば雑草は全部食べてくれるものだと思っていたけれど、食べない植物があることを飼ってすぐに知った。その後食べない草の中には毒性があるから食べないのと、単に嫌いだから食べたくない植物があることを知ったときにはかなり驚いた。

しかも好き嫌いはヤギそれぞれで違う。彼らの個性なのだ。そして食べる植物のなかでも一定の時期になると急に食べ始める草もある。驚きを越して実に謎だ。カヨに訊ねてみても「そんなことも知らないの？」と眉を顰（ひそ）められるだけ。

栴檀草（センダングサ）はまさにその筆頭である。葛（クズ）と同じくらい雑草としてはどこでも生えている。近縁種がいくつもあり、ヤギ舎の周りだけで葉の形や花の色形が違う種が三種確認できる。一番猛威を振るっているのは小栴檀草（コセンダングサ）。黄色い小さな花をつけて、先端に小さな鉤がついた棒状の種が放射状になって服や髪の毛などにくっつく。ひっつき虫と言うほうが伝わりやすいだろう。どの栴檀草も全雑草中でもトップを争う繁殖力でどんどん増えるため、ヤギにどんどん食べさせたいところなのであるが、七月の所でも述べたが、どういうわけか姿を現す六月から繁茂して腰丈になる七月まで、全く手を付けてくれない。口に近づけてもふいっと拒否される。ヤギ舎の中にも生えて食べてくれないので蕨（ワラビ）とともにどんどん繁茂していく。そして八月上旬にいきなり葉を食べ出すのだ。花をつけ始める少し前のシーズンなので、花自体が目当てでもない。

　まさか大きく育てておいて食べているというわけでもなさそうだ。ヤギ舎内に生える他の好物の草は生えればすぐに食べるので全滅している。味が変わるのだろうか。季節が進み黄色い花が実になる頃にはさらに積極的に食べてくれる。とはいえ葛や楡（ニレ）、赤芽柏（アカメガシワ）などの御馳走があれば後回しにされる、二番手ランクには変わりないのであるが。ちなみに九月頃から蕨の葉も食べ始めるが、これはお腹がすいたから仕方なく食べる三番手ランクである。

味が違うと言えばヤギが食べようとしない草なので余談になるが、中四国には関東では見かけなかった葉の形が丸い丸葉露草（マルバツユクサ）があり、これをイノシシが喜んで実にうまそうに食べる。豚を飼っている方に聞いてみたらやはり丸葉露草をやると喜んで食べるそうだ。関東にもある葉先が尖った露草（ツユクサ）はまるで食べない。

意を決して口に入れて噛んでみたら、味が全然違っていた。同じ色形の花をつけるのに、丸葉露草の葉には甘みがあった。ただし口にもそもそと繊維が残る。野草食の講習会では普通の露草は食感良くえぐみも苦みもないので味噌汁の具などに良いと絶賛されていたが、丸葉露草のほうはおすすめしないと言われた。ちなみにヤギは普通の露草も食べたがらない。人とヤギとイノシシと、それぞれ好みが分かれるようだ。

栴檀草（センダングサ）も食べてみて味の違いを探ってみるべきなのだろうか。あまり美味しくなさそうで躊躇していたが、野草食の講習会で栴檀草が天ぷらになって出てきた。半信半疑のまま食べてみたら意外にも美味い。

いやでも野草食の専門家である先生が上手に作ってくださったから美味しく食べられるのかもしれない。私が作っても食べられるとは限らない。コツは米粉と米油を使うことで、特別な下拵えもいらないと教えていただき、家に帰る足でそのままスーパーに寄って米粉と米油を買ったのだが、やっぱりどうにも食べられる気がしない。先入

ヤギたちの大好物、クズ

まずは葉っぱをムシャムシャと食べる。カヨは自分のとり分を増やそうと、共食者に頭突きをくり出す
ぜんぶ私のモノ！
葉を完食してから茎も食べる
ごちそうランクなので干しても食べる
栗は末っ子なので多少は許されている。
しかも秋までしっかり生えてくれる。
どこにでもたくさん生えている雑草が大好物で本当に良かったと思う。
クズの他、センダングサやセイタカアワダチソウも食べる。ヤギの生存戦略？クズほどおいしそうではないけれど。
いかにもマメ科な花と実
香りはほぼない。
いつか根を掘って葛粉をとってみたいと思うのだが、ヤギの世話と狩猟に追われているうちはムリだろう
ものすごくおいしいらしいがものすごく手間のかかる作業のようだ。
カラムシから糸をとって機織りとかも憧れるのだが……。
今のところつる性の植物はハズレなくヤギに好まれている。ありがたい。

観とは恐ろしい。

とはいえ折角教えていただいたのだから……と散々迷った挙句に気合を入れて、外に出て栴檀草（センダングサ）の先っぽを次々と摘み取った。露草（ツユクサ）もだが家から一歩外に出ればうなるほど生えているし、青々と生えている時期も長い。

教わった通りに塩を振った米粉をまぶして米油で揚げてみたら、同じように美味しくできた。一度野から摘んだ雑草を自分で調理して食べると妙に腹が据わる。食卓に青いものが足りないときなどにちょいと摘んでくるようになった。

葉物野菜を作ろうと思っても夏場はどうしても虫がついてしまう。かといって農薬を使うのも気が進まない。網やシートで囲う資材を買えばどんどんお金がかかる。野草ならば育てる手間もなく無農薬で元気よく生えてるのを簡単かつ無料で入手できるのだから、横着な自分にピッタリではないか。

なによ、今頃わかったの？　私たちには散々雑草を食べさせてるくせに。とカヨに笑われそうだ。

九月

長月ながく
酷暑終わらず夏枯れのあと
芽吹き花咲きまるで春

夏シカ、獲れる

八月の項でどうしても書ききれなかった出来事がある。末頃にシカがくくり罠に掛かったのだ。狩猟としての猟期は秋から冬にかけてであるが、獣害がとまらない昨今、通年有害鳥獣駆除として捕獲が奨励されている。

赤い李（スモモ）の実が地面に落ちる頃合いを見計らってイノシシが食べにやって来る。そしてついでにあちこちを穿（ほじく）り返して木の根を食べたり、虫喰いの倒木を齧ったりしている。一度やってくるとだいたい一ヵ月くらいは毎晩通ってくる。彼らはショベルカー並みの力でヤギ舎に入る農道まで壊してしまう。軽トラが入れなくなると荷台に一杯に積んだ草の運搬が滞る。畑こそやっていないが、獣害を被ることになる。

ヤギたちもイノシシは怖いらしく、外に出しても前の晩に猪が来て土を穿ったところにはあまり行きたがらない。そんなわけでヤギ舎の周りにはこのシーズンになると山から下りてくる通り道にくくり罠をいくつか設置する。

しかし敵も手ごわくてなかなかかかってくれない。「あ、ここにかけてますよね？わかってますから」と言わんばかりに罠の上に被せたカモフラージュの土や枯れ葉をどけてむき出しにする。

くくり罠の直径は一八センチほどで（各自治体によって規制が異なる）、ヤギたちを外に出したときに真ん中を踏みつければ罠にかかってしまう。よく歩く地帯のくくり罠には板を被せてから放牧するのだが、気まぐれに山に駆けあがっていくときもあり、カヨも玉太郎も一度はくくり罠にかかっている。踏んだ瞬間に駆け寄ってとってやるので大した怪我にはならないが、とにかく目が離せない。ヤギがくくり罠にかかるたびに、どうしてイノシシはかかってくれないのだろうかと悲しくなる。くくり罠の真ん中ではなく端を踏みつけ、バネが跳ねているのにかからないことを弾くと呼ぶのだが、弾かれていることも少なくない。

こうもかからないと自分の腕を棚に上げてくくり罠の性能を疑ったりして、そろそろイノシシの気配も消えたし外してチェックしてみようかと思っていた頃に、一番山奥にかけた罠にシカがかかった。大きなオスシカだ。見回りも惰性化していたので、危うく見落としそうになったがシカが動いてくれた。デカい!!　角もたくさん分かれている。いやそれよりもなんでシカがここまで降りてくるの??

山奥と書いたが、それでもかなり下のほうであるし、下った先に彼らの好物であるオリーブの樹もないのだが。八月も半ばで李はすでに実を落としきり、初夏にはまだ美味しそうだった雑草もすっかりトウが立っている。八月は雑草たちの元気がないのだ。秋になってたくさんの雑草が芽吹き出すのを思うと、冬のようだとも思う。しかも今年は雨が降らない日が続き、枯れ始めた雑草が目立つ。

　おそらく山の上のほうでも同じことが起きていて、シカも食べ物がなくなって降りてきたのだろう。銃で頭を撃ち、血を抜いてから橇（そり）に乗せて山道を下りヤギ舎の前を通ると、様子を見に寄ってきたヤギたちがびっくりして弾けるように退いた。

　ちなみに秋になってから山に櫟（クヌギ）の実が落ち始めた頃、ヤギ舎の扉を開けた途端に茶太郎が飛び出し、止める間もなく山にかけていたくくり罠をすべて見事に弾きながら駆け上がって櫟の実を食べていた。偶然なのか、くくり罠を弾く猪を見ていて位置やコツを学んだのか、それとも私の掛け方が下手なのか。よくわからない。

チェーンソーと楡（ニレ）

九月前半はまだ夏と言って良いくらい暑い。八月に引き続き、ヤギ舎から少し離れたところにある耕作放棄地に生えた樹を伐り続けていた。ヤギ舎に面した耕作放棄地に生えた樹を伐っても良いと以前から言われているのだが、急斜面で足場が悪い上に伐れそうな樹はすでに伐ってしまい、大物ばかりが残っている。樹を倒すときに一歩間違えば事故になりかねないやつばかりだ。ヤギ舎から猪を遠ざけるためにも樹は伐りたいのだが、ちょっと間違えると樹の重みが凄いためにとんでもない事故や怪我をしかねない。すでに二回ほど樹に刃を挟んで取れなくなって救援を頼んだ過去がある。刃を潰してしまうと取り替えるしかなく、出費も馬鹿にならない。

今年から入らせてもらっている耕作放棄地は、平坦な上に樹の直径が三〇センチ前後までしか育っていないので、私のようなチェーンソー初心者でもなんとかなる。生い茂った野薔薇（ノイバラ）や背高泡立草（セイタカアワダチソウ）を刈り払いながら楡と赤芽柏（アカメガシワ）をどんどん伐り倒していく。

楡(ニレ)ならばだいたい一本切り倒せば、軽トラの側面に九〇センチのコンパネを立てた状態で満杯になるくらいのふさふさに葉が付いた枝が採れる。他にも犬枇杷(イヌビワ)や月見草(ツキミソウ)や葛(クズ)など、この時期は採ってきてやりたい雑草は溢れているのだが、楡が一気にごっそり採れる魅力には勝てない。それに一度この土地の樹を伐りますとお約束した手前、作業を進めていかないと、持ち主の方からの信用もいただけない。

　楡は赤芽柏(アカメガシワ)や榎(エノキ)と同じくらい、繁殖力が強い陽樹だが、パイオニアプランツとは呼ばれていないようだ。小豆島で日の当たる草地の草刈りをすれば、かならずこの三種が雑草に混ざってちょぼちょぼと芽を出し、隙あらば大きくなろうとしているのを見かけるのだが。

　以前にも書いたように三つともヤギの大好物なのが本当にありがたい。しかしなるべく多種の草をあげるよう心掛けてきたのに、この分だとごはんは楡だけという日がずっと続く可能性がある。大丈夫だろうかと心配になり調べてみると、楡の葉は家畜の飼料として利用されてきた地域もあるらしい。楡といっても地域によって形質も異なるので気休め程度かもしれないが、ちょっと安心した。

ヤギまっしぐら!
この木が落葉せずに
常緑だったらどんなに良いか……
葉のウラ側に
実がつく
アキニレの葉
葉脈が
美しい
秋の終わりには
赤くなって
落ちて
しまう。
玉太郎
花も実も
葉も
小枝も
ワシワシと
食べる
↑
この種子が
風に飛ばされて
あちこちで
芽を出す。
切り株からは
たくさんのヒコバエを
生やしてくれる…最高すぎる!
枝の部分も食べるため
なのか、コリコリという
独特の咀嚼音が響きわたる。
全員夢中で食べる。
毎日食べさせつづけたけれど、
全く飽きることなく
うれしそうに食べていた
カヨ
雫もコリコリ
熱中して
ちょっと
無表情に。
迷っている
銀角
どこに
陣取ろうか…

溢れ出す樹液

小豆島で多く見かける楡（ニレ）はおそらく秋楡（アキニレ）と呼ばれる種だ。葉の大きさは大きくて人差し指の第一関節程度で縁には鋸歯、互生。少し厚めで水分も多めだ。あまりにもヤギたちが好むので齧ってみたことがあるが、意外にも甘くてえぐみもなく、飢え死にしそうになったら食べようと思ったくらいだ。九月に地味な花実をつける。

種から芽を出したばかりの頃は、細い枝を地面から放射線状に何本も出しているので刈りやすいのだが、大きく育つと枝を四方八方上下左右どこにでも曲がりくねって伸ばしていくし、葉が落ちた枝の付け根にも棘のように小枝が残っていることもあるので、実に扱いにくい。素手で持とうとすれば小枝が棘のように刺さる。それに樹を伐り倒してから枝を切り離して小分けにしていくときにも、枝向きがそろっていないのでちょっと手間である。

それと樹にとても弾力と粘りがある。赤芽柏（アカメガシワ）ならばちょっと枝をたわめて鋸刃を入れればバキッと折れてくれるのに、楡はぐんにゃり曲がってなかなか折れてくれない。どうやら樹皮から丈夫な繊維が採れるらしい。

とはいえ赤芽柏に比べても枝についている葉の量が多くてふさふさしているので、

ひと枝切ればかなり食べ甲斐がある。文句を言ったらバチが当たる。伐り倒してからしばらく置いておいてもすぐにはしおれないし。楡の特質としてもう一点、樹液が半端なく出ることも書かねばなるまい。伐り倒すと同時にドバドバと透明な樹液が吹き出てきたときには本当に驚いた。この豊富すぎる樹液を吸いにやって来るのがスズメバチ。チェーンソーで切り込みをいれているときからブンブンと嫌な羽音を響かせて待機している。全身網で覆っているとはいえ、スズメバチには敵わない。撃退スプレーを車に常備することとなった。

伐り出しを始めて一ヵ月も経つと、林のようだった藪地もだんだんと地面がみえる部分が増えてきて、達成感が生まれる。開拓民とはこんな気持ちだったのだろうかなどとおこがましくも想像してみたりもする。チェーンソーの扱いも少しは上手になったような気もするし、樹も枝払い作業がしやすい方向に倒すこともできるようになった。

もう大丈夫だろうと、ヤギ舎に隣接する山（過去には段々畑だったところ）の入り口斜面に生えている大きな榎（エノキ）を伐ってやれと勇んで立ち向かったのだが、あえなく失敗。チェーンソーの刃を樹に挟んでしまい、ヤギ舎の大家さんに救援を頼むこととなってしまった。またやったの？と鼻で笑われた。まだまだ修行が足りない。

秋の花々

九月半ばから十月は、雑草たちに花と実が付く季節でもある。厳しい寒さを潜り抜けるのと同様、夏の暑さも多くの植物にとっては死に瀕するくらい厳しい季節なのではないだろうか。秋の野花は、厳しい暑さから解放され、再びのびのびと生きていける喜びに満ちている。

単に私自身が暑さを乗り越えられたことが嬉しいだけかもしれないが。

いつもだったらこのシーズンは、秋の野花を愛でながら草地で葛（クズ）の刈り取りに精を出しているはずなのだが、今年は赤芽柏（アカメガシワ）と楡（ニレ）の樹を伐るという特命に追われていた。

おかげでいつもならば刈り取るはずのヤギ舎近隣の犬蓼（イヌタデ）も、ピンクの花をつけたまま葉も茎も赤く枯れるまで放置してしまった。ヤギたちの間でも好物順位は高くないので仕方がない。冬になって何もなくなってからカラカラのカサカサ状態になったものを刈り取ってあげたら、茶太郎が喜んで食べていた。

秋の野花と言えば溝蕎麦（ミゾソバ）もかわいらしい。根元が白く先端がピンクで心なしか犬蓼のピンクよりも彩度が高い。小さくて可憐なのに、この鮮やかな色で野原でひときわ目につく。

溝蕎麦によく似た草で継子の尻拭い（ママコノシリヌグイ）という野草もある。正直に言うと区別はほとんどつけられないが、素手で触れないほどの棘があるとのことで、ヤギ舎周りに生えているのは溝蕎麦だろうとあたりをつけている。

溝蕎麦は玉太郎と銀角が草地に出たときに摘まんでいる。好物だからなのか、カヨたちに御馳走を独占されて仕方なく食べているのか、どっちとも判別できない食べ方だが、かわいらしい花を食べている姿はとても絵になる。

芯が紅く周りが白い花、屁糞葛（ヘクソカズラ）もよく食べてくれる。柵などに絡みつくように生え、秋には黄色い艶やかな実が付く。冬に何もなくなると、玉太郎は立ち上がってビニールハウスの柵に前脚をかけ、高い場所についている黄色い実を丁寧に食べている。

ヘクソカズラ
小豆島では どこでもたくさん 生えている
晩秋、黄色い実とツルだけに なってから切って 輪にすると テキトーでも かっこいい リースに見える。
飾るのに飽きたら ヤギに食べてもらう…（エコ？）
ミゾソバ
蓮みたいな カタチと 色が 大好き。
ヤギが 食べてる ところも かわいく 見える。

野草の他、ヤギ舎の大家さんの葡萄(ブドウ)畑から葡萄の剪定枝も大量に出る。ちょうどシャインマスカット畑は収穫が終わったところ。実を傷つける恐れがないので、私も新梢の剪定に挑戦させてもらった。

葡萄の葉は一日日向に置くとすぐしわしわに萎れてしまうので、好きなときにその日食べる分だけ新鮮な葉が取れたらヤギも喜ぶのではと思ったからだ。これが思ったよりも難しかった。

葡萄の木は地面から出た主幹、胸の高さあたりで二手の主枝に分かれ、新梢、副梢とどんどん枝分かれしていく。この性質を活かしつつ栄養が行き渡り収穫しやすい位置に開花結実させるべく、樹形を「仕立て」てある。

仕立て方は主に二つ、棚仕立てと垣根仕立てがあって、大家さんの葡萄畑は棚仕立てになっている。ここまでは判別できた。ところがどこまでが主枝で、どこからが新梢や副梢になるのかあたりからだんだん怪しくなり、葉っぱ三枚分を残して切ると言われてもここでいいのかそれともここかと往生してしまう。間違った場所に鋏を入れると栄養が行き渡らなくなるとのことで、確証がない場所は恐ろしくて切ることができない。

特にこの時期はものすごい勢いで何メートルも伸び棚の上を這い屋根を突き抜けて

外に出ている枝もある。どう考えてもこいつは伸び過ぎていて切っても大丈夫のはずだけど、あまりにも伸び過ぎて一体どこが出元なのかがわからず、新梢なのか副梢なのか、枝を掻き分けたりゆすったりして辿っているだけで時間がどんどん過ぎてしまう。時間をかけた割には枝は少ししか切れなかった。大家さんがサクサクと素早く切り外していたのは、自分で一から仕立てている樹だからということもあるだろうし、慣れもあるのだろうか。瞬時に枝を見分ける技はとても真似できない。とは言いつつ来年も気が向いたら挑戦してみるつもりだ。

葡萄は露地栽培の収穫が続いている。ちょっと傷んで出荷できないものなどをいただくと、実を軸から外して煮沸消毒したビンに入れて潰す。九月の気温ならば一日で発酵して泡立ってくるので液を取り分け強力粉を入れてパン種にする。これもまたヤギチーズと同じく常在菌頼みなので味が安定してくれない。膨らみ方もいろいろだ。この間はとても美味しそうな匂いの酵母液だったので期待して焼いた。ふくらみ加減も良かったのだが満足のいく味わいにはならなかった。

天然酵母を自分で起こしてパンを焼いている友人にコツを聞くのだが、いまだにわかったとは思えないし、失敗するのか成功するのかはついてきた常在菌次第だ。

九月末にはワイン葡萄の収穫もある。大家さんのワイン葡萄は、岡山の醸造所ラ・

グランド・コリーヌ・ジャポンに醸造委託している。自然派ワインと呼ばれる、近代以前からの製法で醸造している。加糖もせずワイン酵母も加えず、皮についた常在菌で果汁を発酵させてワインを作っている。

何度か葡萄（ブドウ）を運ぶときについていって見学させていただいた。自分で発酵の真似事をしていると、余計になにも添加せずにきちんと味わい深いワインができていくことが奇跡のように思えてくる。

東京にいたときには店頭に出る時期が短いし高いしで、ほとんど食べずに見送る果物がいくつもある。無花果（イチジク）はその筆頭といえよう。島に来てからは大量に採れて産地直売所に安値で出回る。いただくことも多い。

生のまま皮を剝きながらかぶりつく他、コンポートにしたりジャムを作ったり、一〇〇度のオーブンに一時間ほど入れてセミドライ無花果を作って冷凍保存したり。個人的には李（スモモ）よりも応用範囲が広いし味も好みなので仕事の合間に細々と作っている。最近では無花果ジャムとクリームチーズのマフィンがとても美味しくそして私にしては見栄えもよくできた。無花果の葉と実はヤギたちの好物だが、剪定時期はまだ先だ。

九月末はオーツ麦の種蒔き時期である。青草がなくなる一月二月にフサフサに葉を茂らせてヤギたちのご飯にしたい。そのためにこの時期に種を蒔かねばならない。

畑作する場所は、ヤギ舎の中だ。蕨（ワラビ）が生い茂っていてヤギたちもあまり行き来しない奥のほう。ヤギ舎は傾斜地に建っているのでまずはユンボで三段に整地してもらい、耕運機をかけて種を蒔いた。ヤギ舎はワイヤーメッシュで囲ってあるので外から猪や鹿が入ってきて邪魔することはないが、中にヤギたちがいるのが問題だ。育つ前につまみ食いされないように、畑地の周りに杭を打って柵を回した。冬になったら柵越しに青く繁る御馳走を眺めることになる。

一年目はユンボで掘ったためにそのまま耕運機を入れられたのだが、二年目からは初夏に収穫してから放置するために背丈を超えるほどの雑草が生い茂ってしまっているので、種蒔きの前に草刈りから始めなければならなくなった。

畑を作る当初から草刈りは想定していたはずの作業であるが、ヤギが食べるわけでもないトウの立った草を刈るとなると暑さも手伝ってついもう少し涼しくなってからと先延ばしにしてしまう。

しかも刈り取ったら終わりではない。草を綺麗に取り除いてやらないと、耕運機に絡んで故障してしまう。よって草刈り後に草運び出し作業も同じくらい時間をかけて丁寧に行わねばならないのだった。

九月中に種蒔きまで終わらせることがなかなかできずに十月上旬にもつれ込んだり

しながら、地面を引っ掻いて浅い溝を作って種を蒔き、鳥たちに食われないように土をかけて発芽を待つ。二年目からはライ麦の種も蒔いてみた。

十日ほどで糸のような芽をいくつも出してくれると嬉しくて何度も見に行ってしまう。くわしくは後述するがヤギ舎の中に畑を作る前年にはヤギ舎から遠く離れた畑に蒔いていた。なかなか様子を見に行けなかった。とはいえ、ヤギ舎内ならば毎日のヤギの世話のついでに成長具合を確認できるのが良い。何が悪いのか、一月に「フサフサ」とはなかなかならない。

傾斜地を削って段々にしたために、表土を削った部分の育ちが特に悪く、葉先が茶色くなる。ヤギの糞を投げ入れたりしながら様子をみている。

留守中の餌

東京に出張するときに、ヤギのごはんはどうしているのかとよく聞かれる。新型コロナウィルス感染症流行の関係で、以前よりは東京に行くことが減ってしまったけれども、ないわけではない。友人に頼んで水と餌をあげてもらうのだが、さすがに山野から草木を大量に採って来るところからは頼めない。

一週間近い留守ともなると、出発の一週間前から計画的に餌を余分に採ってきて積み上げていかねばならない。

草は気温が高いとすぐに傷んでしまうので、基本的には木の枝葉を集めることになる。

ヤギを飼わなければ一生知らなかった知識だが、木の枝は、青々茂っている状態で切ると、陽光に当たり枯れてきても枝から葉が落ちないのだ。

そして茶色く枯れた葉がついた枝を投げ込んでも、〝それが好物の樹ならば〟ヤギたちは食べてくれる。

赤芽柏（アカメガシワ）はヤギの好物最上位にランクしているが、葉っぱはとても大きいし触るとすぐに落ちるので、さすがに無理だろうと思ったのだが、葉が青いうちに伐っておいたものは、枯れても葉はしばらく枝についたままだった。

ちなみに落ちた葉を集めてヤギにあげれば良いのではと疑問に思う方もいるかもしれないので補足すると、落ち葉になると食いが半減する。だってそれ、一度地面に落ちたものでしょ？と眉を顰めるカヨの顔が目に浮かぶようだ。枯れていても枝についた状態の葉を摘むように食べるのが、ヤギの流儀なんだそうだ。いや、カヨ一族の流儀なのかもしれない。

乳搾りは楽じゃない

もう一点、ヤギを飼っていると言うと決まって聞かれるのが「乳はとれるのか」である。人間を含めた哺乳類すべて、まずは「産後」の状態を作ってやらないと、乳は出てくれない。

そんなの当たり前だろうと思っていたけれど、都会の人はもちろんだが、ヤギを飼ったことがある島の人すらよくわかっていない人が少なくない。雌の成獣なら常にミルクを出すものだと思っている人もいる。牧場で毎日搾乳する光景が記憶にあるからだろうか。

カヨは合計四回出産しているので、そのたびに乳をとった。これが想像以上に茨の道であった。まずカヨは乳房に触られるのを本気で嫌った。手加減なしの鋭い頭突きをかましてくるので、足が痣だらけになったものだ。

産後一カ月は赤ちゃんたち（三回は二頭、最後の一回は一頭産んだ）にふんだんに飲ませようと様子を見ているのだけれど、まだ身体が小さいために飲んでも飲んでもカヨの乳房はパンパンに膨れている。乳が飲まれず滞留すると乳腺炎になるのは人間と同じだ。張り詰めて痛くなるらしい。あまりにもパンパンな状態ならば、少し搾りましょ

みんなの大好物
ブドウの枝
剪定された状態で
一・五メートル位、茎は
直径一センチ位ある。
葉っぱは
甘い香りが
する。
干しても
香る。
腕いっぱい
抱えると
重い…
生後しばらくは
赤ちゃんのおしりを
かいがいしく舐めて、
排泄を促していた
一産目
が
一番
ミルクの
出が
良かった……。
玉太郎
(一産目)
なぜか
今ではカヨに邪険に
扱われているけれど、
赤ちゃんのときから次の子が
生まれるまでの一年半、ベタベタに
仲良しで、いつもくっついていた。
人見知りで
こわがりで
甘えん坊だったのに
今は脱走王……
立派な
オトナだ
雫が二歳になった
今も、カヨは雫だけを
甘やかしていて、夜も
いっしょに寝ている。
いつまでもお母さんを
やっていたいようで…
末っ子の
雫(しずく)
(四産目)下が生まれない
ので甘え放題。
出産後体を休ませず
すぐに交配、が
三回続いたら、
鼻先がハゲてきた
(今は治っている)
茶太郎
同居の
ため
止められず

うかと提案してみる。もちろん却下される。

そこで半強制的に搾ることができるように、カヨ一頭がギリギリ入る木枠を作り、中に入れて繋いだ。これで頭突きは免れる。それから御馳走の草をたっぷり用意して食べさせつつ、片手にコップを構え、片手で乳房を握るのだ。

最初のうちは全然搾れなかった。カヨはイライラして暴れ始める。ヤギの乳房は後ろ脚の間に二つついているので、後ろ脚を動かしてミルクが溜まったコップの中に入れたり、コップを蹴り飛ばしたりする。

頭の中で『アルプスの少女ハイジ』のペーターが高笑いしている。ペーターはたしかヤギのおっぱいの下に寝転んで自分の口に向かって乳を搾って直飲みしていた。子ども心に凄いなあと思ったものだが、カヨの乳を搾るようになってからは心の底から尊敬している。

足元に寝転んだりしたら絶対にカヨに踏みつけられて大怪我するところしか想像できない。とてもではないが真似できない。気の毒だが後ろ脚は木枠に縛って動かすことができないようにするしかなかった。

偶然の美味

だんだんとコツを掴み、乳房にかける負荷を少なめにミルクを搾ることができるようになって、カヨも乳房の張りが取れることがわかると、少しだけ大人しくなった。だいたい一度に多いときで一・二リットルくらい搾れただろうか。出の良い乳房とそうでない乳房と偏りがあり、七対三くらいの割合だった。今思えば一回目のお産のときの乳量がピークだった。

　二回目のお産は終わってすぐに交配してしまったので、ミルクは半年も出さずに打ち切りとなり、お腹にできた新しい赤ちゃんに栄養が回っていたようだ。三回目も同じ。

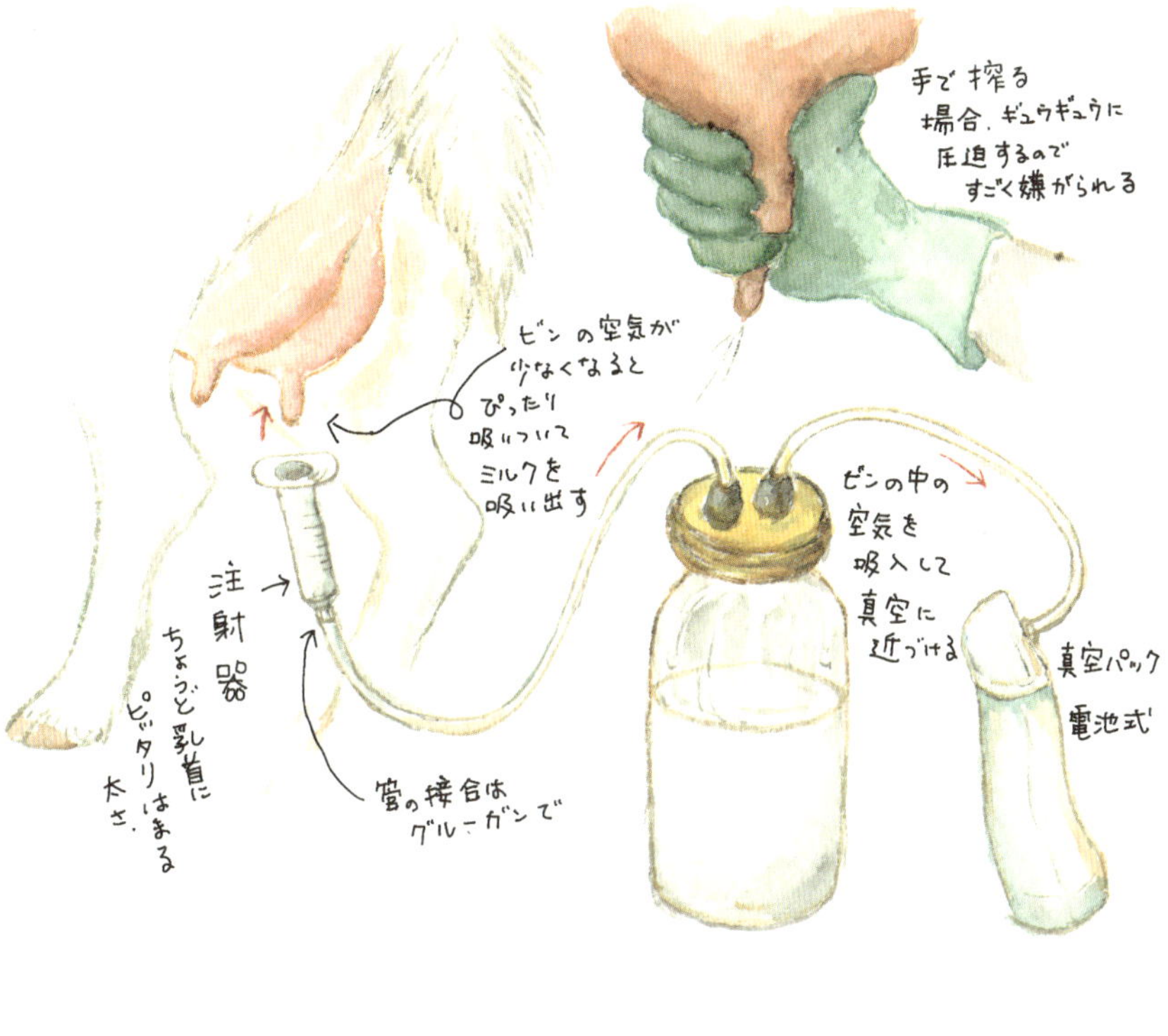

そして最後の雫は次の出産もなかったため、前脚を折り曲げてかがまないと乳首に口がとどかないくらい大きくなってもまだおっぱいを飲んでいた。

三回目の出産後だろうか。ヤギ舎の大家さんがシーラーと注射器を利用した乳搾り器を作ってくださった。動画サイトに載っていたそうだ。これだと乳を手で揉まなくてよくなり、カヨはとても大人しく搾らせるようになった。搾るというよりは吸うに近い。乳房をぎゅっと揉まれるのがよほど嫌だったのだろう。もっと早くこの器械に出合いたかった。

搾ったヤギミルクでまず作ったのは、リコッタチーズ。檸檬（レモン）汁で固めるものだ。さっぱりしている。次にヨーグルト菌を入れて発酵させた。家の常在菌でも発酵させてみて、一度だけ成功してとても良い味のヨーグルトができた。カヨーグルトと名付けていた。このヨーグルトの水分を切ってチーズができないか挑戦したが、うまくいかなかった。

それよりも常在菌で発酵させたけれど苦くて美味しくなかったヨーグルトを冷蔵庫でそのまま放置して水分と白い部分を分離させ、さらに年単位で放置してみたら、不味かったはずが味にまろみがでてチーズと呼んでも良い美味になってきて驚いた。偶然の産物である。

ヤギミルクは脂肪の粒子が小さく消化が容易であることから、昔は母乳の代わりに飲んで育った人も島では少なくない。今では捨てられた赤ちゃん猫を介抱したり、固形物を食べるのが難しくなってしまった老犬の介護食に重宝されているようだ。仔猫を拾った友人にミルクをあげていた時期もある。喜んで飲んだそうだ。

普通に飲むと少し癖がある気がするが、飲みにくいほどではない。さまざまなものを作ったけれど、一番美味しかったのは、プリンだった。あまりにも美味しくて何度つくったかわからない。カヨミルクがなくなってから高価な牛乳で作ってみたけれど、カヨミルクプリンの濃厚な美味しさには及ばなかった。いつか鶏を飼い卵から自前でヤギミルクプリンを作ってみたいと思っているが、その頃にはカヨはもうお婆さんになっているだろう。

十月

蔓は乾せ
亥の月眺め　霜の降るまで
鎌を振りつつ　草暦を読む

秋の溝掃除

小豆島は十月に入ると祭りの準備に入る。各地区で太鼓と呼ばれる大きな神輿を担ぐのである。大変勇壮な祭りで観光にいらっしゃるならばぜひ見ていただきたい。

しかしヤギたちにとって祭りはあまり楽しいものではない。祭り囃子の練習など、普段は静まり返っている昼間も、なにかと集落全体が騒がしくなるからだ。なにか変わった音がするたびに寝床の上に登り、遠く離れた公道を睨みつけて警戒している。

私のような新参の独居女性は基本的には祭りと関係ないのであるが、溝掃除だけは駆り出される。祭りの前に夏に溜まったゴミや雑草を綺麗にしておこうということだ。深さ二メートル幅二メートルほどの溝の普段の水深は二センチほど。滑りやすいが長靴で歩くことはできるので、汚れを厭わなければそう大変な作業ではない。

けれども新型コロナウィルス感染症流行のために祭りは中止。溝掃除もなかなか声がかからず、省略か⁇と思っていたらやっぱり回覧板が回ってきた。溝を綺麗にしておかないと大雨が降ったときに氾濫したりして困るのは自分たちなので、もちろん異論はない。

溝にたまった泥の上に生える草の大半には、残念ながらヤギの好物はない。ただし溝の側面にはわずかな隙間に赤芽柏（アカメガシワ）が生える。刈り取られて捨てられるのならばといただいてせっせとヤギ舎に運びこむのだった。

耕作放棄地には、ありがたいことにまだまだ楡（ニレ）の木がたくさんあって、十月半ばを過ぎてもチェーンソーで伐り倒しては枝を払って積み込んでいた。

ヤギたちは楡さえ持ってきてくれれば文句なし‼と言わんばかりに機嫌が良い。ずっと楡ばかり出され続けても、飽きた素振りも全く見せない。

ただし問題が一点。食べ残した枝が大量に溜まっていくのだった。葉だけでなく、先端のほうの細い枝はコリコリと食べてくれるのだが、ちょっと太くなると食べることはできない。しかも楡はとても弾力のあるしなやかな木質のためか、変に曲がった枝ぶりのことも多い。隣近所の樹に合わせて曲がりくねっていくのだろう。いざ積み上げるとなると異様に嵩が増すのだ。

気が付くと枝屋敷かというくらい、枝が積み上がってしまう。

もちろん楡だけではなくて、葡萄（ブドウ）も赤芽柏も枝が滞留していくのは同じなのであるが、比較的まっすぐな枝ぶりなのでまとめやすく、私の身長を超すほど膨れ上がるまでにはなりにくい。

山なす残枝の処理問題

ヤギを飼ったら植物の枝ぶりまで気にしなければならないなんて誰が想像するだろう。

焚火で燃やすことができればいいのだが、生木は燃えにくいし、なにより禁じられているので勝手に燃やしたら通報されてしまう。敷地は広いし、ヤギ舎の中に積んでおけばそのうち土になってくれるんじゃないか。最初の頃はそう思っていたのであるが、甘かった。草葉ならばすぐに土に還ってくれるのだけど、枝はその一〇〇倍かかっても朽ちてくれないのだ。

楡(ニレ)が落葉した冬季には常緑樹の枝葉を採ってくるので、ヤギ舎の中はちょっと怠けているとすぐに枝で一杯になってしまう。なにしろヤギ五頭では、軽トラの荷台側面に板を立ててパンパンに積み込んだ枝を、三日で平らげてしまうのだ。放置していればヤギ舎が枝で埋まってしまう。

この問題を解決するのが枝を粉砕するチッパーである。ガソリンで動くので二酸化炭素を排出することには変わりはないのだが、排出量はかなり下がるのではないか。ほんのどんぶり一杯分くらいのガソリンで積み上げた枝の山を粉々のチップにしてくれる。

最初は古い機械をヤギ舎の大家さんから借りていたのだが、安全装置もなく使っていていつ指を巻き込まれるのか怖くて仕方がない。

悩んだ末に思い切ってヤギ舎の大家さんに持ちかけて、共同購入という形で新品を買った。私が多めにお金を出したが、難しいメンテナンスは機械に詳しい大家さんがしてくれるし、なにより葡萄(ブドウ)農家として農協に加入されているので定価より安く購入できた。

思い切った甲斐あり、おかげで格段に作業が楽になり、枝も始末を気にせず切ってあげられるようになってストレスが減った。

チッパーはキャタピラがついていて移動できるので、葡萄畑とヤギ舎を行ったり来たりしている。

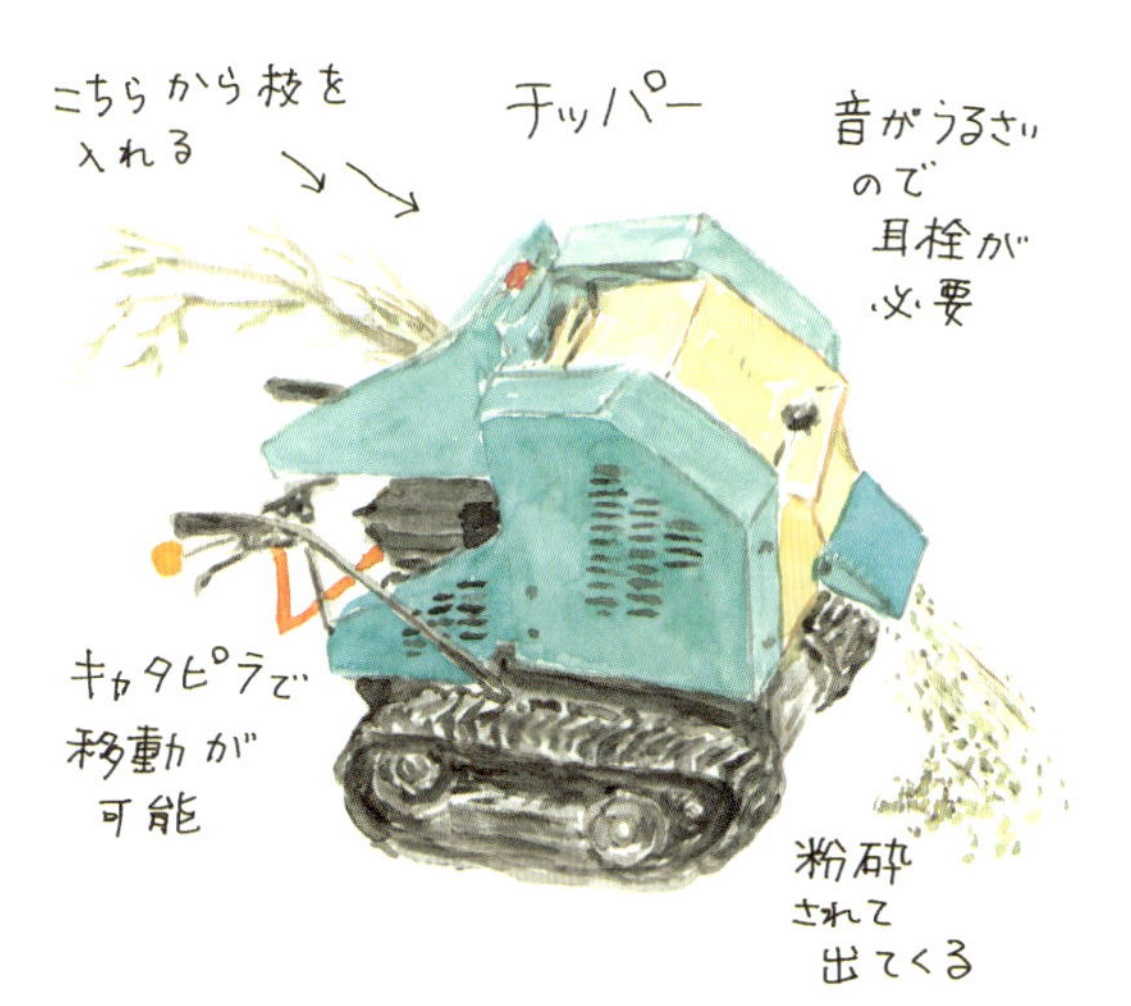

ヤギたちはチッパーが大好きだ。ユンボも軽トラも好きなので作業車全般が好きなのだろう。轟音を立てて運転しているときは遠巻きに見ているのだが、エンジンを止めるとすぐに近寄ってきて、機械にスリスリと身体を擦り付けたりしている。

できたチップは枝の状態とは比べ物にならないくらい素早く土に還っていく。積んでおくと発酵して中が熱くなってびっくりする。ヤギたちはチップの上でゴロゴロ寝転んだり、できたてのチップはちょこちょこ食べたりもする。

別の場所で飼っているイノシシ舎にもチップをどっさり持っていってやる。以前に豚舎におがくずを敷いて糞尿を分解する話を聞いていたので、その真似事である。イノシシも新しいチップを入れてやると大喜びして、鼻で掘り返してチップまみれになって遊んでいる。

ちなみに山梨に住む葡萄（ブドウ）農家の友人は、葡萄の枝のチップで燻製を作っている。なるほどチップの利用方法としてそれもあったかと膝を打った。私の場合は樹種を一つに限って粉砕することがなかなか難しいのだけれど、そのうち挑戦してみたい。葡萄の葉は甘酸っぱい香りがするのできっと枝のチップも良い匂いがするのではないだろうか。冬になると蜜柑（ミカン）やオリーブの伐採枝をいただくこともあるのだが、柑橘系の樹の枝葉はとても良い香りがするのでこれもまた燻製にしたらどうなるのか、試してみたいところだ。

秋の大発情祭り

秋は春とともにヤギにとって年に二回の大発情期がやって来る。カヨはシバヤギの血統なので二十一日ごとに発情期が来るのだが、ザーネン種の血が混ざっているためなのか、春と秋には特別強く発情する。

発情すると、雌はメエメエ鳴き喚いてしっぽを横に振る。雄はフレーメンといって口をとがらせて歯茎を見せる奇妙な貌をしながら雌の性器の臭いや尿の臭いを嗅ぐ。いや、臭いを嗅いではフレーメン顔をしているのか。ともあれ興奮の印だ。細長い男性器をにょきにょきと出しては尿を身体に振りかける。そうして雌に乗りかかるのである。

今となっては懐かしいけれども、種雄として君臨していたときの茶太郎は、気性も荒い上に、この尿を身体にかける習慣のために臭くてたまらなかった。前脚の白い毛は尿で真っ黄色に染まっていたくらいだ。常に毛を逆立てて威嚇してくるし、角もどんどん大きくなってその辺の若い雄鹿よりもずっと強そうだった。

茶太郎とカヨが発情していると、どういうわけか去勢済の玉太郎や銀角までつられて性器をちょっぴり出してフレーメン顔になる。全員に発情が伝染してヤギ舎全体が異様な熱気に包まれる。

すでに茶太郎を去勢して誰も交配できなくなった後のことである。ワイン葡萄（ブドウ）の搾りかすをいただき、みんなに食べさせたところ、酔っぱらって急に発情し始めた。雄三頭みんなが雫に乗りたがって追い回し、とんでもない乱痴気騒ぎになった。カヨはといえば誰よりもたくさん葡萄を食べ、誰よりも酔っ払い腰が立たなくなり、ワイン葡萄の搾りかすを持ってきた大家さんにしなだれかかって顔を舐めまくっていた。あれ以来葡萄の搾りかすは乾燥させてアルコール分を抜いてから与えるようにしている。

今年はどうなることかと警戒していたのだがなぜか大きな発情が来なかった。祭りの中止とともに静かな秋だった。ヤギたちもそろそろ中年。みんなで枯れてきたのだろうか。

そういえばこの一年はカップルもできない。そう、ヤギたちは発情とはまた別に「君たちつきあってるの？」と聞きたくなるくらい仲良しになる。性別は関係ない。オス同士でも起きる。最初は玉太郎と茶太郎だった。茶太郎が玉太郎に乗りすぎて玉太郎の腰骨のあたりの毛が剥げていたくらいだ。一定期間の蜜月が終わると、さらりとカッ

実の色が美しく七変化する
ノブドウ。ヤギたちは
好きではないが
嫌いでもないと言う
風情で食べる
仲良しだった頃の
二頭。
いつも一緒♡
だった
二頭の
蜜月は
五年前の
数カ月間
だけ
だった。
ヤギチーズの
匂いが
ムンムン
去勢する前の
茶太郎は、
とにかく粗暴で
会えば必ず立ち
あがり、威嚇し
頭突きしてきた。
ヒトにもヤギにも。
よく大きな
怪我せずに
済んだと思う。
尿で黄色く
染まって
いた
↑タマが
ついていた。
まだ。
玉太郎の腰
には
マウンティング
の
されすぎで
ハゲができて
いた。
今この二頭は
近よりもしない
ので、
ちょっと当時が
なつかしい。

プルを解消する。

　最近玉太郎は銀角と仲良くしたいようなのだが、銀角は乗り気ではない。兄貴風を吹かして寄ってくる玉太郎を鬱陶しく感じているのか、滅多にマウンティングさせない。銀角は近年一段と大きく成長して角も立派になり、玉太郎よりも強い立場になりつつある。

　餌場で玉太郎と銀角が鉢合わせれば、グウグウグと呻きながら頭をすり合わせじゃれ合っている。茶太郎やカヨと対するときのような絶対服従の悲壮感はない。けれどもカップルと言うほど仲良しにもならない。それもまた面白いかと思って観察を続けている。

雑草の刈り方考

秋も深まってきたが、紅葉にはまだ時間がある。草はトウが立ってあまり美味しそうではないけれど、とりあえず耕作放棄地の秋楡（アキニレ）と赤芽柏（アカメガシワ）を何も考えずに伐採する日々。

重いチェーンソーを使っての作業はそれなりに疲れることもあり、この秋はついつい他にやらねばならないことをさぼりがちになってしまった。草刈りと保存食作りだ。

ヤギを飼い、今の土地に移って周囲の植生を観察すること四年目くらいからようやくわかってきたのが、秋の草刈り時期の重要性である。

基本的に雑草をいつどう刈るのかなんて、誰も気にしちゃいない。祭りの前にざっぱりさせるか、手が空いたときにするか、なのかと思っていた。けれど。少し頭を使う人なら、実生で繁殖力のある雑草の花が咲いたら刈り取る。種ができる前に倒しておけば、翌年の群生を抑えられるからだ。

しかしヤギ飼いにとって雑草は、根絶やしにすればいいものではない。ヤギが食べきれる分ならば、好物の草は適宜繁茂するようにコントロールしたいところだ。

実は以前、私はヤギ舎隣の果樹畑の下草に繁茂していた烏野豌豆（カラスノエンドウ）を、欲張って全部刈り取ってしまった。壁面を囲っているハウスの中で外から種が飛んでくることもないことも手伝って、この春の烏野豌豆（カラスノエンドウ）はごくわずかしか生えてきてくれず、悄然としている。一列でも残しておけば、種が飛んで翌年も烏野豌豆をたっぷり収穫できたのに。

　そして秋の刈る時期を間違えなければ、草の再生力と気温の兼ね合いで、十二月にもうひと盛り草が、しかも青々した美味しい草が手に入ることがわかってきた。

　私が草刈りをしている隣の空き地は、十一月の末まで手を付けずに放置してから刈り込んだ。もちろん刈った草はヤギのごはんになった。寒くなってくるとヤギたちは心なしか選り好みしなくなって、夏だったら避けていた草もよく食べてくれる。

　けれども刈った空き地は春まで丸坊主のまま。もしこれを十月初旬に刈れば、冬までにもう一回は若芽を出してくれたのである。この差は大きい。ちなみに五月から八月はいつ刈っても同じくらいか、それ以上伸びてくる。

　たとえば栴檀草（センダングサ）は、十月にもなれば伸び伸びで硬くて美味しくなさそうな代物になっているのだが、秋の速い段階で一度刈っておくと、若くて柔らかそうな葉が生えてきてくれる。十二月には日当たりが良ければ三〇センチくらいの丈になる。再び花までつける。そんなに増殖することに何の意味があるのかと空しくなるが、この増殖欲のおかげで草が消えていく十二月にも青い草を確保できる。

　ヤギを飼ったばかりの頃は、刈り払い機で雑草を刈り込む行為がどうも好きになれなかった。人間が家の床を拭くような感覚で草を刈っているように思えた。

　けれども放置するより何回か刈るほうが、美味しそうな餌が採れるのだ。なにか間違っているような気もするが、その場にヤギを派遣することができないかぎり、空き地や畑の雑草は計画的に刈って管理していく方がヤギにも人間にも良いとやっと気が付いたところだ。

刈っては干して、食べられて

　最終草刈り時期の見定めとともに秋にやるべきは、保存食作りだ。干し草としてメジャーなのは、芋蔓（イモヅル）だろう。サツマイモを収穫したあとの蔓をいただいて、干す。蔓は二メートル三メートルにもなる。それから収穫後の落花生の苗も干してやると喜んで食べる。

　毎回どこに干すのか苦労している。以前住んでいたところにはちょうどよくオリーブの立ち枯れが何本もあったのでそこに巻き付けて干していた。

カビさせずに干すにはなるべく地面から浮かせて風通しよくしておきたい。それには立ち枯れの樹は実にちょうど良かった。

今のヤギ舎の周辺にはそんな場所はない。いっそ広いヤギ舎の中に干し場を作りたいところだ。しかし舎内に干したら一日で食べ尽くされてしまうだろう。ヤギ舎の周りのハウスにひっかけて干していても、外に出たときにバリバリと食べられてしまう。

芋蔓（イモヅル）は生のままであげすぎると栄養がありすぎるのか、糞が繋がってくる。カリカリに干して黒くなったものをあげるのがいいのだが、ヤギたちは待ってくれない。大抵生乾きの干している途中の状態のままつまみ食いされて終わってしまう。

芋蔓は牛の保存食としても有名で、島の北部では、蔓をぐるぐる巻きつけた三メートル近い塔のようなものができる。中に芯材が入っているのだろうか。クリスマスにはこの芋蔓塔にイルミネーションが巻き付けられている。どうみてもクリスマスツリーには見えないのだが、かわいらしい。

この秋はこれまで芋を植えていた方が止めたため、芋蔓をたくさん貰えなかった。そのうち自分で植えてみたい。

苧麻（カラムシ）を干したものもよく食べてくれる。冬になり枯れる前に、まだ青葉が元気なうちに刈り取って干していくのだが今年はこれもできなかった。

唯一保存したのは葡萄(ブドウ)の枯れ葉なのだが、落葉は十二月とすこし先になる。保存食というのとは違うが十月は背高泡立草(セイタカアワダチソウ)が黄色い花をつけ始める。蕾が開きかけたあたりで葉とともに先端四〇センチほどを摘み取り、干している。ヤギのためではなく、私が消費するためだ。

繁殖力の強い外来植物としてものすごく嫌われている草だが、実はアメリカ大陸ではハーブとして利用されている。Goldenrodで検索するとたくさんレシピが出てくる。お茶にしたりチンキを作る人もいるようだが、私は冬の入浴剤にしている。乾かした花芽を洗濯ネットに入れて浴槽に浮かべるだけだ。とてもよく温まるし菊っぽい匂いも心地よい。名前の由来通り、葉をゆでると泡立つそうだが試したことはない。

ヤギは忘れない

人間に捨てられた犬は、そのことを憶えて心に傷を負うと聞く。ヤギも同じだと思っている。飼い主や住む場所が変わることは、辛い記憶として残る。

事情があってカヨと玉太郎を四ヵ月ほど友人の家に預けたことがある。いつも出張の度に預かっていただいていたので大人しくはしていたらしい。ところが私が預け先に会いに行き、そのままカヨを置いて立ち去ろうとしたら「なぜ連れて帰ってくれないのか」と絶叫された。本当に辛かった。

申し訳なくて毎日面会に行きごはんの世話をし、散歩にも連れ出した。数ヵ月後新しい引っ越し先の自宅軒下に連れ帰ったところ、二頭でぴったりくっついて一日中、植え込みの中に身体を入れて顔だけ出して外を見張っていた。相当怖かったようで玉太郎は寄生虫にやられてお薬を処方してもらった。

その後、玉太郎と一緒に生まれて里子に出していた茶太郎が、まさおというおじさんヤギとともに出戻ってきて、大きなビニールハウスの廃屋に全員で住むことになった。

茶太郎は私のところで生まれて里子先、それから一時預かり先を経てまた私のとこ

玉太郎
カヨ
当時は
カヨ母に
べったり甘えて
いた玉太郎
次の子が生まれる
と同時に
突き放される。
はい、ママン
ベタベタ♥
キッ
女王は私！
茶太郎といっしょにいたい！と
ついてきてしまったまさお…
身体は一番大きいし、去勢
だけどオスだから、リーダーで
あるべき!! と思っていたのだろうか…
女王であるカヨから下に見られ、
殺し合いになりかねない大ゲンカ
ばかりするようになってしまった…
前の所に置いてくれば良かった…
あの女、くっそムカツク…
ごめんよ、まさお…
うちに来る前、一時預かりの牧場に
いた頃のまさお、実はうまくやっていた。
放牧の豚たち
から
いじめられる
こともなく、
よく食べ、
よく眠っていた
様子だった。
のほほん
としていた
…
ごろ寝している豚。
こんなに
近くに
いても
平気
生まれたばかりの
茶太郎と玉太郎
幼名チャメとタメ
二匹
とも
のほほん
と
していた
…
仲良し
だった

ろ（とはいえ場所は別）に戻ってきた。まさおは牧場で生まれ島の人が飼い、次の飼い主に渡り、さらに一時預かりを経て私のところに来た。どちらもかなりのストレスを受けたと思われる。

茶太郎はうちに来て一年ぶりに母と弟と再会できたことを明らかに喜んでいた。けれどもやっぱり情緒が安定しないのか、一時間でも二時間でも私がいるあいだはずっとつきまとってきて、ゴシゴシと身体をこすりつけてくる。おかげでカヨや玉太郎を撫でることもできないし、まさおを馴らすことすらもままならなかった。

俺をかまってくれよ、お前は俺を一度捨てたじゃないかと言われているようで、まとわりついてくる茶太郎を、突き放すこともできない。ヨシヨシヨシ、お前はいい子だからと語りかけ続けた。

あのときまさおも十二分にかわいがり馴らしていれば、少し状況が変わっただろうか。しかし私がヤギと触れ合う時間は一日のうちで限られ、ほとんどの時間はヤギたちの自治に任されていた。

女王であるカヨと身体の大きなまさおが王座を巡り?対立した。私が関与して関係性を変えることは不可能で、餌の時間は一触即発の殺伐とした喧嘩が続いた。このままではどちらかが怪我をしてしまう。

そもそもまさおを引き取る予定もなく、ただ単に茶太郎がまさおと一緒でないと動かないとダダを捏ねたので連れてきたという経緯だったため、申し訳ないが新しい飼い主のところにまさおを送り出した。

まさおは新しい飼い主さんのもとで徹底的にかわいがってもらい、幸せに暮らしていたが、しばらくして飼い主が島内で引っ越しすることになった。運搬を手伝うことになり私の軽トラにまさおを乗せたところ、まさおはまた飼い主が変わる、捨てられると思い込んだ。運搬している間ずっと震えていたと後ろをついて走ってきた飼い主さんから知らされた。そういえば私の軽トラで三回もまさおを運搬している。まさおにとっては魔の車だ。

その後私が訪ねていくと、まさおはすさまじい勢いで威嚇してきた。二度と攫われてたまるかと言わんばかり。美味しい草をあげては帰るを何回か繰り返してようやく、私はただのお客さんで、まさお自身はこの家と飼い主とずっと一緒にいられるのだと理解し、穏やかに応対してくれるようになった。

けれどもまさおは今も全部憶えている。茶太郎もカヨも、ヤギたちはみんな忘れずに人間にされたことを憶えていて、なにも言わないけれど、今日も静かに飼い主を見ているのだ。

ちなみに茶太郎は出戻って一年以上は私を見るとピッタリくっついて身体をこすりつけてきたが、だんだんと、少しずつ落ち着いていった。今では私がヤギ舎に行って扉を開けても、私に絡もうとせず、サッと軽トラックの荷台に積んだ餌に向かって駆け出していく。身体をこすりつけてくるのは、一通り食べたあと、しかもごくたまに、となった。

十一月

山眺め
色づき落ちゆく 葉に焦り
霜降る日まで 刈り回れ

落葉前にいただきます

だんだんと秋も終わりの気配が近づいてくる。小豆島では十一月中に霜が降りることはほとんどないのであるが、霜月だ。

雑草丈が伸びるスピードがガクガクと遅くなり、そして頼みにしてきた落葉樹たちの葉がぽちぽちと色づき始める。楡(ニレ)は赤に。赤芽柏(アカメガシワ)と榎(エノキ)と犬枇杷(イヌビワ)は黄色に。

紅葉を愛でる気持ちのゆとりは、ヤギが大所帯になってからは全くない。延々と伐採させてもらっていた耕作放棄地の葉が早々と色づくと同時に落ち、奥歯を噛み締め、慌てて脳内の記憶をフル回転させ、まだ紅葉していなさそうな場所を探し始める。

そう、同じ木であっても、場所によって葉が色づき始めて落葉する時期がかなり違うのだ。立地で日照時間が違うのならばまだわかる。風の当たり具合なども違うとか。しかし同じ山の同じ方角の二〇〇メートルも離れていない斜面でも、二週間くらいのズレがある場合もある。なぜなんだろう。地面の成分が違うのだろうか。

春に芽吹くのが早いところのほうが遅くまで青いような気がするが、春は雑草の採取に忙しく地面ばかり見ていて広葉樹のチェックは後回しになりがちなので、まだ確証はない。

ちなみに雑草に関しても、同じ植物なのに繁茂し始める時期にずれが生じるので、早春は早く出るところを探しながら刈りに行くのである。

あそこの赤芽柏は黄ばむのが遅いから後回しに、向こうの犬枇杷はどうだったか？今度友人の家に行くついでに様子を見ておくか。山道の登り口にも道路からいい具合にはみ出ている楡がいたはず……奥の山道脇の空き地に採っても大丈夫そうな葛も繁茂していたな（葛も同様に枯れ始める時期が違う）。

とにかくあれもこれも取りこぼしなく、でもなるべく一日二か所回るのは避けたい。近場で楽に集めたいと、山を欲深い目でねめつけ、採取スケジュールを練る。

近隣地の雑草雑木の植生年間スケジュールは、何年もかかって少しずつ把握してきた。小豆島は土地が細かく分割され、所有者が分かれているため、持ち主や管理者が判明するまでに時間がかかることも多い。

草木の植生がわかってくればくるほど、面白く楽しい。年によって天候や災害での変化やズレもあり、全く飽きないので十年くらいはあっという間に経ってしまうだろう。

落葉樹の枝を保存

うちのヤギたちは葉っぱが色づいても枯れても好物認定された植物であれば食べてくれる。けれども枝から落ちた葉っぱとなると、青々していようが、あまり食べなくなる。楡（ニレ）も赤芽柏（アカメガシワ）も榎（エノキ）も大好きなはずなのに、バラバラになった葉っぱをかき集めて持ってきても、あまり食べてくれない。枝付きで差し出さねばならないのだ。

ちなみに葡萄（ブドウ）と無花果（イチジク）は大好きでカリカリに枯れた葉だけを拾い集めて持っていっても食べてくれるし、桜は赤くなり落葉したものを掃き集めて持っていくとテンションは低めだけど、まあなんとか食べてくれる。

昨秋は画期的な発見があった。十一月に出張が入ったために、餌のストックを作る必要があった。耕作放棄地の赤芽柏を伐り倒してヤギ舎に運んだのだが、積み残しを奥のほうに置き忘れたまま出張に出かけ、そのまま忘れた。出張から戻ると耕作放棄地に残っている広葉樹たちはすっかり葉が色づき落葉寸前だったので、次の秋まで伐採はお預けだ。

山の紅葉前線を睨みながらあちこち出撃してはギリギリ青い枝葉を採りまくるのに夢中になり、かなり時間が経ってから耕作放棄地に立ち寄ったところ、伐り倒したのに積み残し、置き忘れた枝は葉っぱが枝にしっかりくっついた状態で枯れている。葉が青いうちに伐り倒しておけば、枯れても葉っぱは枝から落ちないのだ。喜び勇んで持ち帰りヤギたちに与えた。

こんな裏技はヤギ飼い（しかも枝に付いた葉しか食べたがらないヤギを飼う人のみ）以外に誰もありがたがらないと思うのだが、私にとっては革命的な発見だった。

落葉樹を青いうちにまとめて伐り倒して置いておけば、カリカリに茶色く枯れても食べてくれる。つまり落葉樹も保存食となりうることになるからだ。耕作放棄地のごちそう木たちは、まだたくさん生えているし、伐り倒した株からはひこばえも生えてくるのだから、所有者が切り株を掘り起こして畑に造成しない限りは秋の

3ヵ月伐りまくった耕作放棄地。続きはまた9月に。
チッパーに入らない太い幹を転がしたままにしているので
薪ストーブを購入して燃やす予定（焚き火は禁止）

餌を採れるだけでなく冬の保存食にもなるのだ。想像しただけでにんまりしてしまう。

その後の試行の結果を付け加える。青葉をつけたまま切った楡（ニレ）の枝は、野晒しにして雨に何度か当ててしまうとどんどん葉が落ちてしまった。やはり常緑樹のオリーブや姥目樫（ウバメガシ）や枇杷（ビワ）などの日持ちの良さには敵わない。ただし屋根のある場所で保管できたらもっと日持ちするのかもしれない。

十一月は、オリーブの収穫と枇杷の木の剪定がある。高所のオリーブの実を取るために枝を切るのでそれをもらうのだ。オリーブの葉は好物というほどではないが、あれば食べてくれる。日持ちも良いのでありがたい。

枇杷は島の北部で盛んに栽培されている。近所の女性の実家が北部の枇杷農家だったので声をかけてくださり、枝をいただけることになった。先方の農家としても燃やすこともできず、捨てるのも大変なので貰ってくれれば助かるとのこと。ものすごい量が出るので、限界までぎゅうぎゅうに積み込んでは持ち帰る。

北部の海は南側とちがって青が深い。島の南側に住んでいて、役場もスーパーもホームセンターもすべて南側にあるので、島の北側に行く機会はほとんどない。折角なので途中で車を停めて海の向この岡山県を眺めたり、景色を楽しみながら運搬している。

干し柿は少しずつ

十一月というよりは十月末からだが柿が色づくので干し柿を作る。近隣に二本渋柿の大木があり、持ち主から好きにして良いと言われている。島内には収穫されない柿の木が結構たくさんあり、イノシシやサルやカラスたちを養っている。獣害対策の観点から言えば、放置果樹は伐ったほうがいいのであるが、そう簡単には進まない。放置していても伐るとなると惜しいのだろう。気持ちはわかる。

奴らに食わせるよりはと少しでも収穫して皮を剝き、熱湯にくぐらせ殺菌して軒下に吊るしていく。最初のうちは大変だから少しだけ作ればいいやと思って二〇個くらい干して満足していた。

そもそも東京にいたときには干し柿や干し芋というのは果物店の片隅で結構良いお値段で売られているものだから、シーズンに一度食べるかどうかという代物だったのだ。

しかし観察していると、柿が色づいてから完熟するまでには一ヵ月以上かかることがわかってきた。一度にとって一気に作業しようと考えずに、毎日少しずつ収穫しては干すことにしたら、二〇〇個以上干すことができた。

表面が乾いたら種と実が離れやすくなるよう揉まねばならないのだが、五月雨式に作っていると、どこからどこまでを揉んだのかがわからなくなってしまうのが難点だ。種の離れが悪い干し柿もできてしまう。自家消費なのでまあいいかとなっている。

柿の葉も柿の実もヤギたちの大好物なので、収穫時に出た葉や小さくて干す気になれない実などをあげている。ヤギたちの中でも玉太郎と茶太郎がよく食べる。カヨは最初に妊娠したときには一日五個くらいぺろりと食べていたのに今はほとんど食べようとしない。好みが変わったらしい。

飼い猪はヤギよりさらに喜んで食べたがるので、落ちた柿の他に干し柿を作ったときに大量に出る皮もあげるとぺろりと平らげている。ゴミが減らせるのはありがたい。柿渋の成分がそうさせるのか、使った道具に少しでも洗い残しがあると黒ずんでべたつくのでしっかり洗うようにしている。

柿は干して大体二週間ほどで渋が抜けるので取り込んで第二弾を干したりと、秋の後半はずっと細々と干し柿を作り続ける。

ここまでたくさんあると、冬の間の甘味として毎日好きなだけ食べることができる。チョコレートが大好きなのに、ほとんど買わずに干し柿で甘味を摂取するようになってしまった。干し柿の種を取り除き、ラム酒に浸けてパウンドケーキに入れても美味しい。

完熟柿は、甕（かめ）に仕込んで柿酢を作ってみた。へたを切り落として二つに割って甕に入れたらすりこ木でたたきつぶす。ぐちゅぐちゅの完熟柿はなにもしなくてもつぶれている。キッチンペーパーを本体と蓋の間に挟んで少し空気が行き来するようにして、毎日混ぜる。実は忘れがちで時々混ぜるくらいだったが、だんだん酸っぱい匂いがしてきた。失敗することもあると聞いていたのでとても嬉しい。ツンとしない良い酢ができると先輩方に言われて楽しみにしている。

しかしこれだけ頑張っても柿の木一本丸裸にするには程遠い。干し柿用にと通信販売もして、島の友人にもあげたけれど、まだ残る。昔の人はどれだけ手が早かったのだろうかとため息が出る。来季は青柿から柿渋も作ってみようかと思っている。

ヤギの気持ち

ヤギの幸せとはなんだろうかといつも考えてしまう。私は動物全般が好きではあるが、人間にいかに都合よく馴致（じゅんち）させるか、言うことを聞かせるかを考え実行するのは、あまり得意ではない。

昔は犬も馬もそれこそ子どもまでも叩いて脅して力づくで命令通りに動くように「躾けて」いたのだが、現代では動物に「そうしてもいいよ」と思わせるべく仕向けていくのが良き調教だろう。高圧的に従わせるよりもずっと高度なテクニックを必要とする。ただし、動物を仕向けるとはいえ、やっぱり「あなたを支配管理するのは私という人間ですから」という強い意志を動物に対して発していかないと、うまくいかないように思う。これが難しい。

動物と一緒に暮らす、飼養する以上は、どう減らしたところでゼロにはできない、絶対に必要な心得と技術であることはわかっている。

どんなに彼らが自由を欲しても、畑の作物を食べたり庭木を食べたりしないように行動を制限しなければならないし、移動させるのに引き綱と言って首輪とリードでこちらの指示通りに歩いたり止まったりができないと困る。近距離に住宅や畑が隣接している地域で飼っているのだから。近隣付き合いだけでなく家畜保健衛生所に登録して飼養基準を守ることも当然必要だ。

けれどもやっぱり、愚かと言われようが、ヤギが本当のところはどうしたいのかが気になってしまう。除草というこちらの都合で飼ったのに、自分ができる限りは彼らが欲するように、心地よく生きてほしいと思ってしまう。矛盾しているのはわかって

イヌビワ
秋も終盤に
なって急に黄色く色づき
はじめて
まっ黄色に
なったら
パラパラ
落葉……
ヤギたちの
大好物…
手折ると
白い汁が
出るので、
乳の出る
草は
ヤギが
好んで
食べる と
言われている。
正しいか
どうかは
不明だけど、
タンポポや
ノゲシも
大好物
である
葉が割と肉厚なこともあり、
最初の年は常緑樹と思い込んでいた
切ない!!
ああ 発情……
去勢をしていても、時期になると
発情してしまう不思議。
とはいえ個体差があって、
銀角(本イラストに登場していない
白い去勢ヤギ)は
ほとんど発情
しない
うほ♡
メスは
しっぽを
横に
振る
イヌビワの
実は花もあって、
雌雄どちらの株もこの実をつけている。
見分けるのはかなりむずかしそう
時期は
ズレる
実の中で
花が
咲くという
変わった
生態……
オスもメスも
性器周辺の
匂いを嗅ぎ
たがる。
しつこ!!!
タマはすでに
ないのだが。
発情期に
なると茶太郎に
寄っていくカヨ。
見ていると ちょっと
悲しくなってくるのだけれど、
さすがにこれ以上つき合えない……
すっごく嫌がっている。
茶太郎… このあと
カヨに頭突きして
追い払っていた。

いるのだが、どうしようもない。

繋がれるのは嫌だとカヨが言うので、広い敷地に柵をして放し飼いにした。仲間がいないと寂しいと鳴くので（これを探り当てるのにどれだけ苦労してカヨの声を聴き続けたか）交配から出産もさせた。

問題は息子の茶太郎である。立派な睾丸つきで出戻って来たのだが、カヨを休みなく妊娠させる。一時期七頭になったときには一瞥では全員を確認できなくなった。見落としの事故で一頭死なせてしまったこともあり、自分の飼養限界を超えかけていることを痛感した。カヨは衰弱するし、私ひとりでは管理しきれないならば頭数を減らすしかない。生まれたての子ヤギたちはすぐに引き取り手が見つかった。

つぎに採るべきは増産中止。茶太郎をまた里子に出すか、茶太郎だけ別居させるか、去勢するか。茶太郎ならばこの三択のどれを選ぶのだろう。

生殖機能を付けたままでも、繋留して狭い場所でひとりで過ごす時間が生涯の大半を占めるのでは、寂しかろう。しかも私の都合で他のヤギたちが自由にのほほんと過ごしているのを眺めながらの閉じ込めとなる。不公平だと怒り出すことは目に見えている。

一方で発情は繰り返されるけれども時限的だ。これ以上飼い主を変えるのも忍びないし。と悩んだ末に、遅まきながら去勢することにしたのだ。どれを選択しても茶太郎が望まないストレスがかかることには変わりない。

手術をしてくださる獣医師が見つからなかったため、茶太郎の頭に袋を被せ、脚を縛って倒して睾丸の根本をゴム紐で縛った。子ヤギのときならば痛覚も発達していないのか、それほど痛がらない。けれども成獣では痛みも大きい。

去勢から三年以上経っても茶太郎は痛みを憶えていて、肛門の状態をチェックしようとしっぽをめくると、本気で怒って頭突きをしてくる。普段の頭突きがいかに加減して優しくしてくれているのかがわかる、殺意のこもった鋭い頭突きだ。

カヨは最後の子、雫を産んでしばらくしてから体力を回復させると、発情のたびに茶太郎を追い回し、交配をねだる。茶太郎は初めのうち、カヨの要望に応えられないことに明らかに自信喪失して落ち込んでいた。

動物との付き合いは突き詰めればすべて人間のエゴになってしまうので、早急に是非を問う気もないが、犬猫の去勢とて彼らにしてみれば大変な出来事。あまりにも気軽になされていないだろうかと思う。

茶太郎がこのまま鬱になったらどうしようと焦り心配したのだが、次の発情期にはもう居直った。近寄って来るカヨにうるせえんだよ、と頭突きして明るく飛び跳ねて走り去っていった。交配できていた記憶もあり、できなくなったこともわかっているはずだ。なのにカヨを跳ね返して悠然としている。鋼のようなメンタルだ。見習いたいと心の底から思う。

十二月

食べ尽くせ 小春の草々
霜降るまでの 美味や愛おし

小さき春に

十二月に入ったら広葉樹の葉が落ち切って、青い草葉など消えうせてしまうだろう。ヤギを飼うまではそう思っていた。そんなことはない。三月の気温と同じくらいなのか、春に生えるはずの烏野豌豆（カラスノエンドウ）などが日当たりの良い場所にフワフワと生えてくるのだ。

霜さえ降りなければ、十月頭に刈ったあとに生えて来た栴檀草（センダングサ）も三〇センチくらいに育ち花を咲かせようとしている。どの草も秋口の硬い葉とは違って柔らかそうなので、ヤギたちも美味しそうに食べている。

でもねカヨ、これは一時的なもので春が来たわけではないんだよ。これから冬が来るのだからね?と言い聞かせてみるが、わかっているのかどうか。

十二月は無花果（イチジク）の剪定時期にあたる。落葉寸前の黄色い葉に熟さなかった青い小さな実をつけたまっすぐな枝を引き取り、ヤギ舎に持っていくと、まずは茶太郎とカヨが青い小さな実にかぶりつき、それから黄色い葉を食べる。枯れて落ちた葉もパリパリと美味しそうに食べるのでできる限り拾ってくるようにしている。

また黄色や赤に色づいた葡萄（ブドウ）の葉が少しずつ地面に落ち始める。枯れた葡萄の葉を拾い集めるのはなかなか大変なので、できれば色づいて枝についているうちにもいでいっていいですかと農家さんにたずねると、シャインマスカットの葉は地面に落ちるまでつけておかねばならないとのこと。他の品種の葡萄になると少しずつ事情が違って、この時期まで青い葉っぱをつけたところは全部ザクザクと切り落として良い葡萄の木などもある。枝ぶりを考えずに鋏を入れてよいので気楽にできるし素早くヤギが食べる分を採ることができる。

シャインマスカットの葉が全部落ちたら農家さんに頼んでブロワーで葉を片壁に吹き寄せてもらう。箒（ほうき）に比べて簡単かつ素早く落ち葉を寄せることができる。その後に葡萄の木に水をたっぷりあげる。地面が濡れると枯れ葉もかびやすくなるので水やり作業の前にお邪魔して、山となった枯れ葉を摑んでは網の大袋にぎゅうぎゅうに詰めていく。枯れ葉は丸く立体的な形をしているので、袋に押し込むと音を立てて潰れて粉々になりそうなのだが、なんとか葉脈で繋がっている。袋は全部で一〇から一五くらいになる。シャインマスカットのハウスは屋根があるのですみっこにまとめて置かせてもらっている。いずれは干し草の保管庫を作りたいところだ。この時期に作る保存食は多湿や高温に無縁で、傷みにくい。ヤギたちにも好まれ春まで食べ続けることができるので、ほんとうにありがたい。

麦の芽を食われる

冬に青々と茂る牧草があったらどんなに良いだろうかと思いつき、オーツ麦の種を購入した最初の年は、ヤギ舎から離れた場所に種を蒔いた。

ヤギ舎の大家さんが葡萄(ブドウ)の苗を植えている場所で、山と耕作放棄地に囲まれたところだ。耕運機を入れてもらい、へなちょこだがなんとか畝を作り種を蒔いた。ちょっと遅めに手配したけれど、植えたことは植えたので、何とかなっているだろう。相手はほとんど雑草みたいな草なので大丈夫、と慢心しきっていた。

十二月に入ってそろそろ繁ってきているかなと見に行ってみると、なんにもない。いや、よく見ると生えてきたあとに食べられて根元だけ残っていた。

イノシシか。そういえばオーツ麦は飼いイノシシのゴン子も好きでよく食べているが、まさか若い芽をつまみ食いするとは予想できなかった。

畑地は耕作放棄地の楡(ニレ)林と隣接しており、どうやらそこが猪の活動拠点となっているようだった。その後楡林も伐採するのだが、当時は鬱蒼として地面は獣道がついていた。盛んに行き来している証だ。そういえば近所の家も大根の種を蒔いて芽が出たところでイノシシに食べられたと言っていた。冬季の新芽はイノシシの狙いどころなのかもしれない。

ともあれ、畑地にはそれがほとんど雑草のような作物であっても、丈夫なワイヤーメッシュで柵を回さなければならないということを痛感した。

除草のために飼ったヤギなのに、ヤギのために牧草を植えて、さらに柵まで回さねばならないとは。どこまで作業が増えるのだろう。結局翌年からはヤギ舎の中に畑を作ることにして、現在に至る。

それにしても悔しい。冬にみずみずしい青草を食べさせたいために頑張って、当てにしていたのに台無しだ。仕方ないから例年通り山に入って青いものを刈り取ってくるしかない。

いざとなれば島の山には常緑照葉樹が茂っているのだけれど、それは厳寒期の最終兵器。その前に蔓草類を攫っていく。蔓草雑草の中でも野葡萄(ノブドウ)、屁糞葛(ヘクソカズラ)、葛(クズ)などは枯れて葉も落ちているのだけれど、なぜか通草(アケビ)と鉄線(テッセン)によく似た蔓草の二種は、かなり寒くなっても生い茂っている。そして木の幹に寄生するツタ類。どれもヤギがよく食べるので山道を走っていて塊のように茂っていたらごそりといただくのだった。

山茶花(サザンカ)や椿(ツバキ)の花が咲く少し前に、同じツバキ科の茶の木(チャノキ)がひっそりと花を咲かせる。白く丸い蕾から、一重の椿を三周りくらい小さくした花が咲く。下向きに咲いていることが多く、見過ごしてしまいそうなたたずまいが好ましい。

鼻を近づけると甘い香りがするので摘んで陰干しにしてみた。春に作った緑茶と合わせてみると、花の香が緑茶の香りにほんのり加わった。茶の葉も花もヤギたちに食べさせてみたいが、木が大きくないのでおすそ分けはまだ先のことになりそうだ。

ヤギは寂しがり屋さん

島内のヤギ飼い仲間のヤギが一頭亡くなった。老齢だったので寿命と言えるのかもしれない。飼い主はさぞ悲しんでいるだろうと思っていたら、それどころではなかった。

残されたもう一頭が悲しみのあまり飲まず食わずで臥せって動かない。どうしよう!!

というメッセージが来た。二頭飼いしていると、片割れが死んだときにもう一頭が寂しさのあまり鬱になるという噂は聞いていた。

でも本当に具合が悪いのかもしれない。どうやって見分けたらいいんだろう。

じゃあうちのヤギを一頭連れていってみますか。

派遣ヤギに選ばれたのは、玉太郎だ。

茶太郎は立派過ぎる角があり、去勢して少しはマシになったとはいえ、気性は荒め。弱っているヤギさんを攻撃しては困るので派遣できない。末っ子の雫は友人のところのヤギさんよりも三周りくらい小さいし、連れていこうとしたらカヨが激怒する。以前に比べたらかなり薄らいだとはいえ、カヨは末っ子の雫をいまだに「我が子」扱いして執着する。

他の三頭だってあんたが産んだ子たちなのに！と突っ込みたくなるくらい、銀角・茶太郎・玉太郎には薄情だ。

カヨは我が家の女王様なので論外として、去勢で大人しい銀角と玉太郎の二頭のうち玉太郎を派遣しようと思った理由は、カヨから一番嫌われ疎外されているから、である。

玉太郎はカヨが最初に産んだ子で、茶太郎と同腹。生後一カ月くらいで茶太郎を里子に出してから一年間は、カヨと二頭だけで暮らしていた。茶太郎がいなくなったショックからか、人間を怖がるようになり、触らせてもくれなくなった。

撫でようとすると逃げまわり、壁に追い込むと死んだように硬直してしまう。そして常に母であるカヨにぴったりとくっつき、カヨも玉太郎をかわいがって、過剰な母子密着状態となった。

後から知ったのだが同腹の兄弟の絆はとても強い。里子に出すなら二頭一緒のほうが精神的に安定するそうだ。

次の子である銀角にも同腹の兄弟がいた。金角と名付けていた。ちょっと性格がきつくて攻撃的で、銀角は金角に守られるようにおっとりと天真爛漫な子ヤギだった。金角が事故で死亡してから銀角は半年以上自閉してしまい、全く触らせてくれなくなった。あのときも途方に暮れた。

銀角は時間をかけて回復し、なんとか触らせてくれるようになったのだが、心なしかニヒルな目つきのヤギになった。

嫌われ玉太郎、鬱ヤギを救う

さて玉太郎である。茶太郎が帰ってきてからカヨが二回目の出産をするまでは、カヨとの関係は良好だった。茶太郎とも再会できて盛り上がり、以前にも書いたように兄弟なのに熱烈な恋愛関係にあった。末っ子らしく愛されオーラに溢れていた。

ところがカヨは二回目の出産をした途端に豹変し、いきなり玉太郎を邪険に扱った。

同じ時期になぜか玉太郎は茶太郎とも疎遠になって孤立する。カヨや茶太郎と肩を並べて草を食べようとしてもはねつけられる。何度かカヨから横腹を抉（えぐ）るようなキツイ頭突きをお見舞いされ、ウシガエルのような呻き声をあげていた。

　よっぽど痛かったのだろう。玉太郎はカヨの半径一メートル以内には絶対に近寄らなくなった。

　さらに次の赤ん坊たち（里子に出したので現在はいない）が生まれると、カヨは銀角と金角（当時はまだ存命）も邪険に扱うようになったのだが、どう見ても玉太郎に対してほどには厳しくない。

　どうして玉太郎だけをそこまで嫌悪するのか。カヨを何度も叱ったのだが意地悪はおさまらない。そもそもヤギ同士の関係に人間は介入できないのだ。玉太郎はみんなからポツンと離れているようになり、餌を食べるときまでカヨに執拗にどつか

おいしい草にだれよりも早くリーチする
玉太郎、しかしあとからのしのしとやって来る
カヨにすぐ席を空けなければならない
ひとくちでも
早く！
多く!!
12月になっても
緑のままのつる草。
テッセンに似ている草と
もう一種類がからまっている。
調べてみたけれど名前わからず。
道路脇にかたまり状にしげっている

れてしまうので、ヤギ舎の柵や網を壊して脱走し、外で腹を満たすようになっていく。柵を直して脱走できないようにすると、私にアイコンタクトしてきて首を振り、カヨに見つからないように草を回してくれと言ってくる。そう、現金なもので、カヨにいじめられたことで、人間と再び交流できるようになったのだ。あんなに嫌っていた私に取り入ってでも餌を確保しようという根性は気に入った。

逆境に負けずにサバイバル能力に長けたヤギに育ってくれて嬉しいけれど、カヨの苛烈な玉太郎いじめは最後の子（雫）が生まれても全くおさまらない。相性が悪いのだろうか。

他のヤギ飼い主の下で、いじめられずに暮らせるのならば、その方が玉太郎もカヨも幸せなのではないか。

玉太郎を軽トラに載せて、友人のヤギ舎に運ぶ。もし仲良くなってこっちに住むことになってもすぐ会えるからね。

玉太郎を中に入れた途端、とんでもないことが起きた。臥せっていたはずのヤギさんは敢然と立ち上がり、玉太郎に向かって猛攻撃を始めたのだ。呆然と見守る飼い主たち。

「まる二日立ち上がらなかったのに……」

幼かった頃の
玉太郎。
全然 触らせて
くれなかった。
超マザコン！
これで
五頭のごはん
二日分
軽トラに
目いっぱい
積みたくて
側板を
立ててある
すぐ食べて
しまう…
開扉とともに駆けつけて荷台の草をチェック！
誰よりも賢く、たくましく育った。
後ろから
カヨが来ないか
振り返りながら
草を食べて
いる……
切ない！
トゲもないので
採りやすい
アケビのつると葉も
冬の枯野で
青々しくて目立つ
春も夏も
繁っているのだが
他の草木に押され？
目立たなくなる。
クズなど
ヤギたちの
大好物
ありがたい…

友人のヤギさんはむしゃむしゃと草を食べて、玉太郎を追い出そうと頭突きし続ける。なんだかイキイキしている。少なくとも身体の不具合で臥せっていたわけではないね。玉太郎は闘わずに逃げてばかり。

とりあえずもう少し様子を見ることになり、玉太郎を置いて自分のヤギ舎に戻った。

「ちょっとあんた、玉太郎を一体どこに連れていったの!!」

今度はカヨから責められた。カヨがいじめるから派遣したのに、いなくなるのは許さない。五頭で家族という確固たる意志を感じる。

その晩、夕食を食べ終えた頃に友人からメールが来た。玉太郎くんがいじめられっぱなしで全く勝負にならない。仲良くなる気配もないし、可哀そうなので今からお返しに行きたいと。

友人の軽トラから降りた玉太郎は、一目散にヤギ舎へと駆けてゆく。いじめられていても、カヨファミリーの一員でいたい。ここでみんなと暮らしていたい!! 玉太郎の叫びが聞こえるようだった。すまなかった、ごめんよ玉太郎。

その後友人はつてをたどって子ヤギを入手。落ち込んでいたヤギさんは子ヤギと仲良く元気に暮らしている。

玉太郎はいじめられる鬱憤を晴らすためか、弟妹の銀角や雫に兄貴風を吹かして威張るというダメな先輩の典型のようになっていた。

しかし銀角が予想をはるかに超えて巨軀巨角に育ってきたため、玉太郎が喧嘩で勝つことも難しくなってきた。弟に負けるのは辛いのではと思うが、なにがあっても飄々（ひょうひょう）と生きてきた玉太郎のことだから、きっと大丈夫だろう。

一月

霜枯れて 草がなくても 大丈夫
山の照葉がある と 山羊啼く

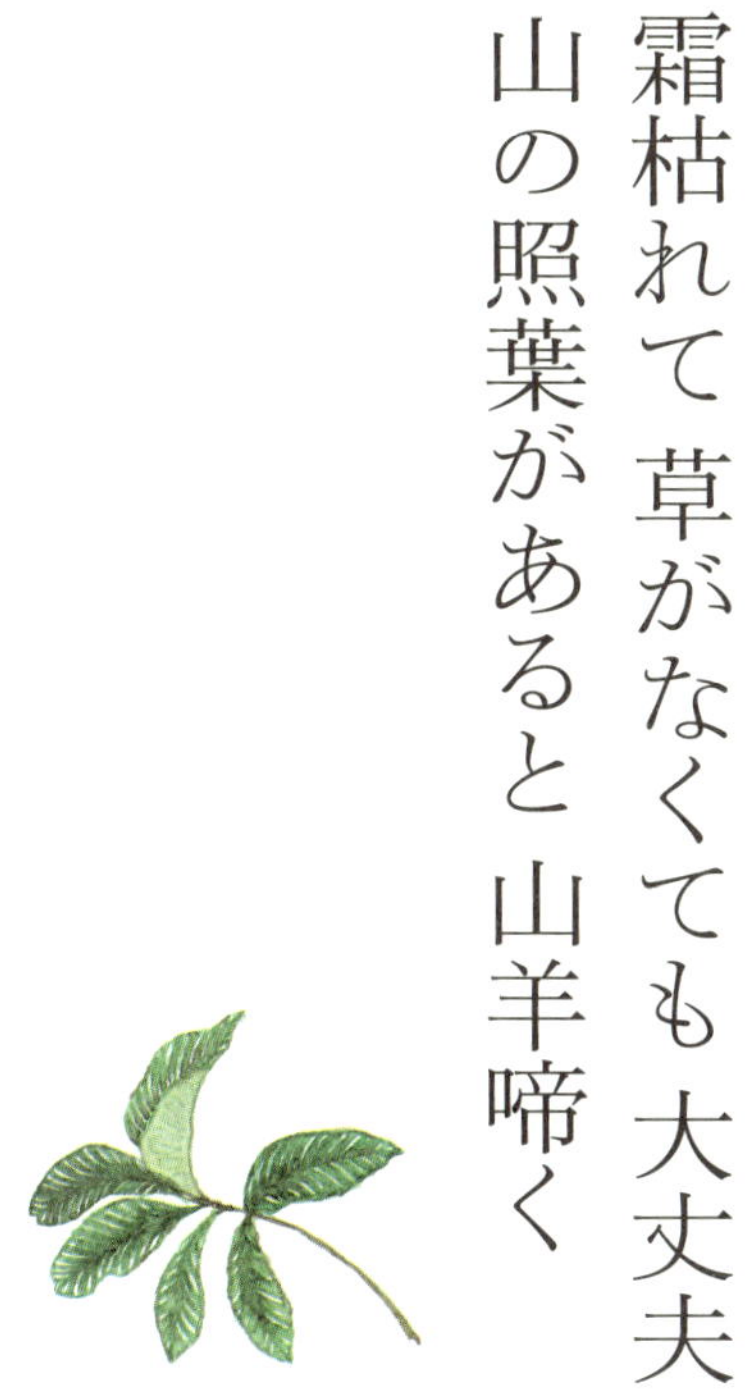

青い草木を探し求めて

寒波襲来、霜が降りるとほとんどの青草は、凍って枯れてしまう。いよいよ本格的な冬。頼るべきヤギのごはんは、干し草と常緑樹となる。

温暖な小豆島では広葉常緑樹が少なくない。自分が育った関東の山は針葉樹が多いのだが、島の山の中ではほとんど見かけない。昔は赤松(アカマツ)がたくさんあって、松茸(マツタケ)がよく採れたと聞くが、松くい虫の大発生によりほとんど枯れたそうだ。

今の小豆島の山によく生えている常緑樹で餌となるのは、姥目樫(ウバメガシ)と柾(マサキ)、そして枇杷(ビワ)だろう。

椿(ツバキ)や榊(サカキ)っぽい葉の樹々も少なくないのだが、毒があるのでヤギには与えられない。椿の葉はちょこちょこ食べていたから大丈夫かなと、一度ヤギ舎の一段上の斜面に生える山茶花(サザンカ)のような葉の樹を伐り倒して一食分とした。他の草はなにひとつ与えなかったので、あんまり美味しくないけど食べるか……という雰囲気ではあった。

翌日見に行くと、ヤギたちの毛が総毛立ち、全身腫れていたのだ。大いに慌てたが、それ以上の惨事にはならずに済んだ。以来椿や榊に似た葉の樹は一切あげないようにしている。

霜が降りたあとでもまだしばらく生きている草が二つあった。砂糖黍(サトウキビ)みたいな姿のソルゴーだ。甘いのだろうか。ヤギたちは喜んで食べる。緑肥として植えられるようだが、島では道路脇に生えている雑草。丈が二メートル以上あるから、どうしても倒れて道路に掛かってしまう。

ここまで寒くなって青い草が減ってくると、道路脇の草に手がでてしまう。一応道からはみ出ている草や枝に関しては刈り取っても違法ではない。寒さが増すと枯れてしまうが、根は残るので常に同じ道の脇に生えている。

それと浜辺に生える浜大根(ハマダイコン)。根は大根のように白くて太くなるのだが、美味しくはないといわれている。まだ食べてみたことはない。茎と葉はヤギたちがよく食べる。アブラナ科の植物全般を好み、キャベツやブロッコリーの葉もよく食べる。島の南側にはブロッコリー栽培農家がいる。ブロッコリーは収穫後の葉をコンテナに拾い集める。ブロッコリーの葉は水分が多くて重いのでコンテナ一杯拾うとそれなりの重さとなる。コンテナ八個分ほど拾うと腰がギシギシしてくるので、止め時かなと諦める。

あまりにもなにもなくなると、スーパーの野菜売り場に設置されているキャベツの外葉入れから外葉をいただくこともあった。二頭飼いくらいまでならそれで一食分になったからだ。さすがに五頭分の外葉を確保するにはスーパーを三軒は回らないと難しいし、時間帯によっては捨てられてしまうため、当てにして行って外すと大変なことになるので最近ではやらない。

畑の作物は農薬散布時期の他に、与えた肥料の種類や多寡でヤギが下痢を起こす可能性があることにも注意しなければならない。

収穫後に残った葉や茎などをいただくのは、なにもない冬では本当にありがたいのだけれど、マメ科は干してから、アブラナ科は他の雑草や雑木と半分ずつくらいにして与えるようにしている。

枇杷(ビワ)は非常に強く、小豆島では栽培されている他に山道の脇などにもよく自生している。ヤギ飼いの中には敷地に植えてヤギの整腸剤代わりにしている人もいるようだ。人間にとっても実に薬効多き植物で、種を焼酎に漬けたり葉を湿布に使う人もいるようだ。この時期に枇杷農家から畑の剪定枝をたっぷりいただくことも増えてきた。

ヤギの子離れ

前章は母ヤギカヨが、次の子を産むとそれまで溺愛していた子ヤギに無関心になりかわいがらなくなることに触れた。そして末っ子の雫とはいつまでも次が生まれないので子離れできないことも。

誰かが雫に触ろうとすればすぐカヨが駆け付け、頭突きしてくる。雫は雫でこれからいきさつを述べるがいまだに人に慣れてくれないという状態だ。

ところで生まれたばかりの赤ちゃんヤギは、本当にかわいい。人間にも愛嬌を振りまいて、四つん這いになれば背中にぴょんと乗ってくれるし喜んで抱っこもさせてくれる。雫だってそんなおきゃんな子ヤギだったのだ。

実はヤギたちは赤ちゃんヤギをとてもかわいがる。

赤ちゃんヤギが生まれてから一カ月くらいは、カラスやトンビからの攻撃を避けるために柵で囲ったところに網を掛けて誰も侵入できないようにした母屋にカヨとともに隔離する。

ところがカヨ以外のヤギたちはこれが気に入らない。自分たちだって赤ちゃんと触れ合いたいと言わんばかりに母屋への侵入を試みるのだった。

赤ちゃんヤギの成長はとても早く、よちよちしているのはほんのわずか。一カ月もすれば早く走ることができるようになるので、母屋を解放してみんながいつでも出入りできるようにすると、兄ヤギたちは大喜びで赤ちゃんをかわいがるのだった。

この時期になると二頭で生まれてきた子ヤギはいつも一緒に仲良く跳ね回って遊ぶ。

見ていて微笑ましい上に、子育ての観点から見れば楽だ。

しかし雫は一頭だけで生まれてきたからそれができない。大きな兄さんたちに遊びを仕掛けるしかない。

観察していると、雫はみんなからかわいがられていることに胡坐（あぐら）をかいて、かなり傍若無人なふるまいをしていた。無敵のお姫様状態になったのだ。かわいらしさと無鉄砲な生意気さが合わさった、目つき。

ああ、人間にもこういう少女っているよなあ。かわいらしいから、ヤギたちも私もついデレデレしてしまう。それでも銀角などはマウンティングの練習台にされているのに、黙って辛抱強く相手をしてやっている。

カヨはカヨで兄弟がいないのが不憫なのか、とにかく雫を甘やかす。いつもカヨに

守られた特等席で美味しい草にも何の苦労も妨害もなくありつける。そして草も食べているというのにいつまでも乳を飲ませ続けている。もうすぐ一年になってしまう。次の妊娠出産があればすでに授乳も止まり、カヨの庇護もなくしている時期なのに。雫の甘やかされ期の終わりが見えない。

ランクダウンは唐突に

そう思っていたら、ある日突然雫が耳から血を出してオドオドしている。どうした⁇　タヌキに噛まれた⁇　いやでも生後半年から一年の子ヤギは身軽で足も速いし、タヌキの二倍近い大きさには成長している。ありえない。

私が大騒ぎをする中、カヨも他の兄ヤギたちも妙にシーンと静まり返っている。なに？　どういうことなの⁇　何か知ってるの⁇

雫の右耳は少しちぎれていた。慌てて消毒液を取りに戻り、吹きかけると飛び跳ねて嫌がる。

翌日、雫の耳はさらに欠けていた。もしやと銀角を見ると、首から胸にかけて血が付いている。銀角が⁇

いや待て。玉太郎や茶太郎もやっていたとしても、彼らの毛色では血液の付着は見つかりにくい。銀だけがやったというわけではないのかもしれない。

ともかく!! みんな、教育的指導はやさしくして!! 雫の耳齧るのやめて!! 銀!! いくらマウンティングされてムカついたからって耳齧ることないでしょ!!

叱ってみても、ヤギたちは白々と三白眼の無表情を貫く。俺たちの掟に介入してくるなと??

それっきり、雫はお姫様待遇から転落して下っ端ヤギとなり、兄ヤギたちにぞんざいに扱われるようになった。カヨはそれでも引き続き雫を庇護してはいるが、他のヤギたちのふるまいには文句をつけない。

そして耳に消毒薬を吹き付け続けたことから雫は人間嫌いになった。しばらく経って、やっと慣れてきたと思った時期に蹄を切って嫌われ、それも薄らいできたところでイベルメクチン投与で再び嫌われた。とにかく慣れてくれない怖がりの神経質なヤギということになるのだろうか。我儘で強気のお姫様だった雫はどこに行ってしまったのかという変わりよう。

しかし考えてみると、私の周りでは結構な確率で若い成長期のヤギが様々なことをきっかけに一時的に人間嫌いに陥っている。里子で兄弟離れ離れ、事故で死別、引っ

ある日突然（生後4カ月くらい）
耳をだれか？にかじりとられて
下っ端ヤギにランクダウン
した栗。
銀角に
点々とついた
血痕…
やさしくて
おとなしい
銀角が
まさかの…？？？
フッ
さあね……
オドオド
こわい
こわい
……
これを
機に
人間嫌い
に突入…
薬効多くておいしい。
ビワ
赤ちゃんの頃は、
だっこどころか
かついだりしても
逃げなかった
ウバメガシ
ウバメガシの
方言はバベ。
どんぐり形の実は
イノシシやシカの好物
でもある。脂肪に甘みがのる。

越し、そして薬投与。ヤギを飼うにあたってなるべく避けてやりたいけれど、避けきれないことばかりだ。

　しかも私が観察してみた限りだが、ヤギ一頭だけで飼養する場合にはそこまでの人間嫌いを起こしていない。カヨだって来た当初は鳴いてばかりいたけれど、私との信頼関係を結ぶことに同意した。人間と関係を持たないと生きていけないことを理解するからなのだろうか。

　人間嫌いの思春期ヤギは二頭以上で飼うところで発生している。ごはんをくれる人類との折衝は仲間に任せ、自分の世界に没入して人間を拒絶する。そしてゆっくりと時間をかけて傷を癒していくのだろうか。私の観察に基づく妄想にすぎないけれど。

　しかし雫については人間嫌いになった要因が誰よりも薄弱だ。消毒薬を吹き付けただけなのだから。むしろ兄たち（？）に耳を齧られたことのほうがトラウマの原因にふさわしい。

嫌うなら兄ヤギたちを嫌えばいいのにと思うのだが、そこはヤギファースト。カヨファミリーで生きる上での戦略なのだろうか。雫は三歳になったがいまだにブラッシングすら嫌がって逃げ回っている。

空き地は密林

寒波を迎え、あとはもう冷え込むばかりのシーズンになると、緑色のものがどんどん消えて褐色化していき、常緑の樹木が眩しく映る。

知り合いのオリーブ農家に会うと揉み手で

いつ頃剪定しますかねえ？　枝拾いに行きますよ。

などと話し掛ける。小豆島はオリーブの島として有名だが、思ったほどはオリーブの樹は多くない。枇杷（ビワ）や李（スモモ）に無花果（イチジク）、檸檬（レモン）や蜜柑（ミカン）などの柑橘類も多いのだ。李や無花果の葉は晩秋に落ちてしまうので論外として、枇杷、柑橘類、オリーブの中でヤギたちが一番好きなのは枇杷。二番目が柑橘類（檸檬はテンションが下がる）、オリーブはすごく好きというわけではないけど、あれば食べてくれる。

どの常緑樹にも言えることだが、枯れてもそのまま食べ続けてくれるのが良い。夏ならば雨にあたってカビたり腐っていくところが、冬は日持ちするのだ。オリーブの枝ごと転がしておけばその日のうちに食べきらなくても気が付くとプチプチ摘まんでいる。枯れて茶色くなったオリーブを私はひそかにヤギの乾パンと呼んでいるくらいだ。

ともあれ、果樹の剪定枝は、いつ出るのかがよくわからない。そろそろかなと思っていても農家の事情や果樹の状態で日程がずれることもよくあるので、当てになるようでならない。そのかわり出るとなったら大量にいただける。

一月のある日、これから整地するところがあるけどヤギが食べる木があるかもと、声がかかった。見に行くと一応住宅地の中なのに、四〇〇坪ほどが密林状態。近隣の住民は虫など大丈夫だったのだろうか。密林の中に入ると枇杷（ビワ）の木と柾（マサキ）がポチポチと混ざっている。整地の日程があるのですぐに連絡を入れ、欲しいものだけ伐り出すことにした。

秋の間通っていた耕作放棄地はすぐに何か利用する予定もなく、自分のペースで切り残しても来年に回せる。ここはそういうわけにはいかない。短期決戦である。ふたりほどヤギ友に声をかけたがうちのような大所帯と違ってそこまで餌に困っていないとのことだった。

チェーンソーを駆使して木を伐り枝を落とし、軽トラックの荷台に文字通りパンパンに詰め込んで運んだ。柾は庭の垣根にも利用される常緑樹だ。野生の柾の葉は観賞用にはある白い斑もなく、葉の付きも密集していないし、なぜかくねくねと曲がりやすい。地味な樹なのだ。しかも他の樹に遠慮するように変な形になって生えている。

実は私の家にも柾があるのだが、初夏には猛烈に虫がついて黒い羽虫が大量発生するので伐り倒したくて仕方がない。けれどもヤギたちの大好物ときている。枇杷と同じくらい食いつきがよいので真冬の食糧として生やしている。

空き地に生える柾(マサキ)と枇杷(ビワ)を全部伐るのに一週間ほど通っただろうか。一日二往復もするとクタクタになって海岸沿いに車を停めてコカ・コーラをがぶ飲みして休憩した。なぜか日程よりも早く大きなバックホーが二台やってきて整地工事が始まったので、全部は採りきれなかったけれど、おかげさまでヤギの好物ばかりで十日分くらいのストックの山をつくることができた。

一頭か多頭か

「羊は群れでいないとダメだが、ヤギは孤独にも耐える」

ヤギのカヨを分けてくれた友人の言葉だ。彼は馬の扱いに突出した才能の持ち主。それなら私とふたり暮らしでも大丈夫だねと思って飼い始めた。

けれどもカヨは仲間を欲しがった。その後ヤギを飼う人たちのInstagramや友人のヤギたちを見ていると、やっぱりヤギはひとりでは寂しがっている。羊はもっと寂しがるのだろうか。ヤギと違って羊は草の先っぽだけ摘まずに根元から食べるので除草には向いていると思うのだが、日本では羊よりもヤギを飼う人が多いように思う。

もちろんヤギを一頭だけで飼うことも可能だ。そしてカヨもそうであったが、一頭だけで飼うと飼い主に対して猛烈に甘えてくれる。朝は日の出とともに家から出てきて相手をしなさいと鳴き、窓を開ければ首を持ち上げてメエ。外に出ようと玄関を開ければ繋がれたところから最大限に身を乗り出してメエ。

　近づいていけば頭突きをしてくるけれど、それは挨拶と「なぜ今までわたしをひとりにしていたの？」とぐずっているだけ。

　反芻しているときなどは膝枕で寝そべってくれる。後部座席に乗せてドライブすると、信号待ちのときには耳を甘嚙みしてくる。海岸線を走ると窓から顔を出してうっとりしていて、たまたま後ろを走っていた友人が「ほとんど人間みたいだった」と呆れていた。

　毎日散歩に連れていっていたので近隣の人たちからは「ヤギを犬のように飼っている人」として珍し

はじめの半年は、飼い方も好物の草もよくわからず、いろいろ不自由な思いもさせたのかも……

なにしろアカメガシワが大好物と判明するのに3カ月以上かかっている。

草ならなんでも食べると思い込んでいたから…

メエエッ（ち・が・う！）

おまえは何ひとつわかっていない…

がられた。

思い出すと懐かしくて胸が締め付けられる。私とカヨは本当に濃密なふたり暮らしをしていたのだ。

もしカヨが発情しなかったら、ずっと軒下で飼っていたと思う。以前にも触れたが、カヨはシバヤギなので毎月発情して鳴き叫ぶようになる。この発情の鳴き方がなんとも私を責め立てるようで辛かった。

なにかカヨに悪いことをしたのではないかと一生懸命理由を探したけれども見つからない。一つあるとしたら、交配をさせないこと。交配出産をさせないこと。それしか思い当たることがない。

カヨの望みを叶えて交配し子どもを産んで家族を作ったら、もうカヨは私に甘えてくれなくなるんじゃないか。私たちが作った濃密な関係は、終わりを告げるのではないか。それはそれで仕方がないことだけど、少し寂しい。カヨを交配させてからはずっとそんなことばかり考えていた。

結論として、カヨはやっぱり私に以前のようには甘えてこなくなった。子育てに夢中になり、家族が増えてからはファミリーのリーダーとして君臨することに満足し、誇り高く堂々とした顔つきとなった。

2014年、カヨは
ひとりぼっちで私のところに来た。
カヨに同腹の兄弟がいたとしたら
気の毒なことをしたと思う。
いつもさみしそうで
私を見ると
鳴いていた。
しかしエサの
手配は楽だった
なあ……。
縁石が
お気に入り
だった。
箱の上にいるのも
中に入っているのも
好きらしい。
現在、五頭で
半分屋外で暮らしているが
放し飼い
なので
ストレスは
少ない
ようだ
茶太郎
雫
カヨ
玉太郎
銀角
寝室の箱はそれぞれのお気に入りが
あるようだが、基本的には早い者勝ち
なぜかヤギたちは新造物が大好きなので
新しく作った箱はしばらく大人気となる。
屋根は今秋までに
拡張予定

ちょうど同時期に大きなビニールハウスの廃屋を借りて放し飼いすることになって、私も軒下で飼っていたときのようにつきっきりではいられなくなったことも大きい。

今私がヤギ舎に行っても、お腹が空いているとき以外は駆け寄ってくるでもなく、入り口から二〇メートルくらい離れた寝台に身体を横たえたまま、首だけ持ち上げ軽く鳴く程度の反応しかくれない。あきらかに五頭で暮らす世界に充足しているのが、わかる。これはこれでよかったのだと思う。

息子兼交配相手だった茶太郎を去勢してから、カヨは再び発情するようになった。けれども不機嫌にはなっても以前のように苛烈な鳴き声で私を責め悩ませることもない。家族とともに放し飼いになったからなのか、歳をとったからなのか、よくわからない。

ただし群れ暮らしになっても他の四頭とは違い、カヨだけは私に絶大な信頼を寄せてくれている。自分の要求は全部私が必ず叶えてくれると信じ込んでいて、そろそろまた交配させなさいと目で訴えてくる。

何かがあったら私が助けてくれるとも思っていて、脱柵して調整池に落ちたときには私がヤギ舎に来た瞬間に凄い声で鳴いた。もちろんずぶ濡れになって助け上げた。

一対一で暮らして培った関係は、そう簡単には崩れない。それと私にはカヨに対して重大な負い目がある。後にストーカーとなった男性との交際を本気で反対してくれたのだ。

はじめて家に連れてきたとき、頭を最大限に下げた頭突きで威嚇、男性を家に入れたら網戸を破って入ってきた。他の人にそんなことをしたことはない。

その後の顛末は別の本に譲るとして、引っ越しをしなければならなくなって、カヨと生後半年の玉太郎には一時的に友人宅にいてもらうことになったりと、負担をかけてしまった。

しかしそのおかげで今はヤギたちだけは広い場所に引っ越し（私は狭い家に引っ越した）優雅な群れ暮らしになったのだから、ヤギたちは結果オーライとも言えるのだが。もしヤギを多頭飼いしていたら、あんなふうに私を気遣って家に乱入してきてくれただろうかとも思う。

五頭の群れ内のやり取りを観察していてとても楽しいし、他の四頭だって私に対してカヨほどではないけれども、何かしら交流しようとしてきてくれるので、とてもかわいい。それぞれの個性も面白くヤギのことをよく知ることができた。

なにより用意しなければならない餌の量が増えたために、近隣一帯の植生にとても詳しくなった。

カヨのためだけでなく、私にとっても多頭飼育をしてみて本当によかったと思っている。

ただし放し飼いとはいえ、脱走しないように囲ったり安心して休める寝室を作ったりと、一頭だけのときと比べて膨大な手間がかかる。人にヤギを飼いたいと相談されたら、乳をとりたいのでなければ、同腹兄弟で去勢済みの二頭を飼うのが、ヤギも寂しがらないし一番楽ですよ、と言うようにしている。

二月

はやばやと
吹き出す芽のうま味
ヤギのみぞ知る 如月

山へ

二月に入るといよいよ食べ物が枯渇する。いや、なくなるわけではない。購入しておいた干し草はたっぷりあるし、干した芋蔓(イモヅル)も葡萄(ブドウ)の葉もある。それでもヤギ飼いとしてはなんとなく落ち着かない。

オリーブや枇杷(ビワ)や蜜柑(ミカン)の剪定枝のストックもなくなってしまうと、青いものを求めて車を走らせる。そう、山に行くのだ。

小豆島にはコンパクトながらも山がある。集落と農地の大半は山と海の間の僅かな斜面と平地に集中しているため、主要道路は集落と海岸線の間にある。しかし山間部にも道路はある。大人気観光地の寒霞渓(かんかけい)や銚子渓の他、島内には山の岩場の洞窟を利用して作られた寺院がいくつも点在していて、それらを中心に小豆島八十八カ所巡礼路がある。こうした場所には近くまでバスで行けるよう綺麗な道路が整備されているのだった。

その他に農地へのアクセスを良くする農免道路や舗装されていないけれど、軽トラが入っていくことができる広さの道もたくさんある。

住民は用事がないのでこれらの山の道路には近づかない。平日の夕方ともなればほぼ無人だし、山奥に行けば行くほど例外なく道路にまで姥目樫（ウバメガシ）や枇杷、柾（マサキ）などヤギが食べたがる樹々が走行の邪魔になるくらい枝葉を伸ばしている。

海が近いところには扉（トベラ）という照葉樹も多い。これもヤギは喜んで食べてくれる。伐るとキュウリのような匂いがする。

山深く日陰が多いところでは、木に絡まるように生えているツタ類が垂れ下がっている。ツタ類はヤギの大好物だ。それらをチョキチョキと切って少しずついただいて回るのである。

道路沿いではなく山の中に入ればもっとヤギの好きな樹が見つかるかというと、そうでもない。ヤギの好きな木がほとんど陽樹、日当たりの良いところで生育する木だからだ。

そもそも山の中に深く入ってしまうと両手いっぱいの枝葉を持ち帰るのが大変だ。車のすぐそばで切り荷台に投げ込む

ヤギの冬の味方 トベラ

開花は4〜6月

調べると臭いと出てくるが、それほどでもない。

海岸沿いに多い

伐ると キュウリみたいな匂いがする。

ヤギはとてもおいしそうに食べる。

のが一番早く簡単なのだ。

　せっかくガソリン代をかけて遠征するので、軽トラの荷台一杯に積み込みたい。私の軽トラの荷台は側面に簀の子を並べて立ててあり、運転席部分と同じくらいの高さまで枝を積み込むことができる。ぎゅうぎゅうに押し込むと五頭のごはん四日分くらいにはなる。あと少し、もう少しと車をのろのろと走らせながらチョキッと切れそうなはみ出した枝を探す。

　冬は蜜柑（ミカン）をはじめとして様々な柑橘類が色づく。私が住んでいる地域は柑橘農家がとても多い。放置果樹の甘夏をいただき皮を刻み、煮こぼしてアクを取り果汁と砂糖で煮つめてマーマレードやピールを作る。東京にいた頃は無農薬の甘夏は申し訳ないのだが高価で買うことができず、皮を食用にすることを考えたことがなかった。島では無農薬の甘夏が出回るため、ピールを作って溶かしたチョコでコーティングし、ココアパウダーをかけて仕上げる。これがまたお茶うけに最高なのだ。バレンタインが近いので会う人に少し包んで差し上げることもある。その後、甘夏は落果するギリギリまで待てば、かなり甘くなることがわかった。自分が収穫する樹は、三月末頃まで収穫を遅らせることにしている。

ヤギの病気

ヤギの病気について書いておきたい。ヤギは閾値が低いと言われていて、ある日突然死んでしまうことか多いそうだ。それだけ病気の前兆などがわかりにくいという。だからこそ糞便と歩き方のチェックは毎日欠かさないようにしている。

歩き方がおかしくなったら腰麻痺を疑う。牛のフィラリアが蚊を媒介してヤギに伝染すると、腰が立たなくなってしまう。

糞便に異物が混ざっていたら、寄生虫病を疑わねばならない。これらの寄生虫病に関しては駆虫薬イベルメクチンの投与で予防できる（投与方法は九二ページ参照）。新型コロナウィルス感染症の治療薬として一時期注目された薬である。

糞便が粒状でなくなり一本に固まってきたら、消化器官の調子を崩す兆候だ。たいてい米やトウモロコシなどの炭水化物をたくさん食べさせたり、芋蔓（イモヅル）やマメ科など窒素を多く含む植物などを食べさせたときに起こす。

酷くなれば胃にガスがたまる鼓脹症となって死んでしまう。ヤギ自身は炭水化物が大好きで大喜びで無限に食べてしまうので、飼い主が注意しなければならない。

カヨも一度生米を食べすぎて鼓脹症になりかかった。糞便は一本につながった後に下痢となり、吐き、苦しそうだった。島にはヤギの獣医師がいないため、酸性に傾いた消化器官内のpHを戻すために重曹を飲ませるくらいしかしてやれることはなかった。しかし運よく持ち直してくれた。あんな思いは懲り懲りだ。

そういえば雑草を何種類も採ってきてあげるようになったのは、カヨの鼓脹症がきっかけだった。いろいろなものをまんべんなく与えていれば、ぱっと見わからなくてもヤギにとって毒となるものを大量摂取する危険性は回避できるからだ。

実はこの原稿を書いている最中に、茶太郎の口角が爛(ただ)れているのを発見した。ヤギ・唇・かぶれ、で検索すると、伝染性膿疱性皮膚炎という病気がヒットした。慌てて他のヤギたちの唇をチェックすると、雫の口も少しだけかぶれている。致死率一パーセントほどの大したことない病気らしいのだ

が、届け出が必要とある。自分では確定できないので、まずは二頭を離れた畑地に隔離し、しばらく暮らしていけるように柵を回し小屋も作りながら家畜保健衛生所に電話をかけた。

獣医師と話すうちになぜ届け出が必要なのかが判明した。口の周囲の水膨れは、口蹄疫の可能性があるからだ。茶太郎の唇、水膨れがつぶれたようにも見える。私がアトピー性皮膚炎だったときに、唇に細かい水泡が出たあとに割れてガサガサになった状態に似ていたので、水泡がつぶれたように見えると言ったことで大騒ぎとなった。

そう。現在日本では口蹄疫の症例はゼロ、のはず。けれども強い感染力を持ち、鳥の糞や泥などから入り込んでしまうのだ。ヤギ舎はほとんど野外同然なので、様々な病原菌と接している。

とはいえまさか……。

疑惑を晴らせ

口蹄疫に感染していたら、殺処分して埋却である。致死性の病ではないけれど、家畜に伝染してしまったら生産性を落としてしまうから。畜産農家を取材したことがあるので生産性を落とすことがどんなに大変なことかはわかっている。しかし……。獣医師の到着を待ち、問診の後に健康な三頭を検査する。駆け付けて下さった獣医師は猛暑の中白衣に長靴も不織布のカバーをつけて完全防備体制である。じわじわと事の重みを感じる。

通常では保定（治療する際に動かないよう押さえておくこと）を担当する職員が同行して来るのだが、お休みとのこと。私が一頭ずつ押さえて口を開けさせ、歯茎の状態、舌の状態などをすべて撮影してもらう。蹄の股、裏側に水泡がないかもだ。毛をかき分けねばならないし、大暴れして撮影ができるほど静止してくれない。なだめすかして押さえつけるが、唇をめくられたら人間だって嫌だ。それでも異常のないヤギもきっちり全部撮影という厳密さ。そして検温は水銀体温計を肛門に差し込む。嫌がらない道理もなく、もちろん大暴れ。幸いにもカヨも銀角も玉太郎も異常は発見されなかった。

ここまでですでにヘロヘロだが、これからようやく隔離舎に移って二頭の検査である。この順番ならば健康なヤギに病気をうつす危険は下がる。

しかし患畜である茶太郎は一番の暴れん坊にして、大きくて捻じれた角の持ち主。まずは首輪と角を摑んで爛れた患部の写真を撮っていただく。ｉＰａｄから東京に送

口唇にかぶれを起こして
雫と茶太郎を、緊急隔離した。
ヤギ舎から少し離れた
ビニールハウスの壁面を
利用して、ワイヤーメッシュで
囲った、即席ヤギ舎。
症状の軽かった
雫は4日後には
戻したので
現在は
茶太郎だけの
独房…
早く家に帰りたいよう!!
このビニールハウスの中は
ぶどうがたわわに実っている。不安のあまり脱柵しようと
身の軽い雫は柵をよじ登り、ビニールハウスの屋根の
ビニールと網を破って中に入り込んだ。発見した時には
低い所に実っているぶどうをむしゃむしゃと……
意外としたたかなヤギ!!
二頭とも
熱もなく
食欲もあり
便も正常で、とにかく
元気!!
口蹄疫ではない!!
と判定された
けれども、
伝染病では
ないという
確証もなく
症状があるうちは
ココで過ごして
もらうつもり。
出せぇぇぇぇ!!
ヤギ舎の壁にも使っている
ワイヤーメッシュは 10cm四方で
ウリ坊が出入りできてしまう。
対策検討中。
コイツが媒介した?
よく出没してる

信している。茶太郎の口の中、舌、蹄の生え際を丁寧にチェックしながら撮影。どこも水疱はなかった。食欲も変わらずにあるし、糞便にも異常は見当たらず。体温も高めだが平熱の範囲内だった。続いて雫を取り押さえていると、東京の本部？から知らせが入り、患部の様子から口蹄疫ではない、との判断が降りた。

よかったあああ!!　やれやれ。獣医師も明らかにほっとしている。

「もしこれで口蹄疫かもしれない、となったら患部組織を送って検査します。それで本当に口蹄疫となったら、全国ニュースですよ……」

へなへなと力が抜けそうになるのを堪えて雫を押さえつける。幸いにして雫も異常なし。それでも一応長靴の消毒槽の作り方などの説明を受けた。その間にも興奮した雫が隔離舎の柵を越えて脱走しようとして隣接するビニールハウスの屋根のビニールを破って闖入（ちんにゅう）してしまったりと、大騒ぎ。

撤収する頃には全身汗だくで、熱中症一歩手前。帰宅してから寝込むこととなった。

その後も何人もの獣医師が患部写真を確認しているのだろうか、一部水泡に見える部分がある（ゴミだった）などの問い合わせや、飼い主である私の渡航歴や行動履歴まで聞かれた。

それにしてももし最初から口蹄疫を疑っていたら、すぐに家畜保健衛生所に届け出できただろうか。口蹄疫に罹っても死に至るわけではないのに殺処分は、正しいとわかっていても、辛すぎる選択だ。

とはいえ感染から遠ざけるために舎飼いして空も山も見えず、外にも出られなくなってしまったら、ヤギたちは生きていて楽しいだろうか。

家畜の飼養規定は野生動物からの感染を恐れて厳しくなる一方だ。ちょっと狭い場所に隔離しただけで、この世の終わりのように鳴き叫んでいる茶太郎や雫を眺めながら、彼らの幸福と健康とどこまでどう守ったら良いのか、考え込んでしまった。

春の欠片

春と呼ぶにはまだ早すぎるのだが、二月後半で晴れが続いたりすると、烏野豌豆（カラスノエンドウ）が芽を出す。日当たりの良い南向き斜面では刈り取れるくらいに芽が伸びている。

その姿は刈り取ったあとに根に水をやり続けると伸びてくる豆苗の三番芽のようで、細くてフワフワで頼りない。ヤギでなくても食べたくなるような繊細な芽の塊を、根元から刈り取る。

ヤギたちの胃袋を満たすほどには採れないのだけれど、心当たりの斜面を訪ねては刈り集めると、コンテナ一杯くらいにはなる。そうした斜面には野芥子（ノゲシ）が芽を出していたりもするのでそれもついでにいただいて、ヤギたちに持ち帰ると、目を細めて本当に美味しそうに食べる。春を先取りした繊細な御馳走だ。

野芥子（ノゲシ）はよほどの寒波が来ない限りは丈を伸ばさずにじわじわと春まで生き延びていくのだが、烏野豌豆（カラスノエンドウ）は、寒波が来ればシュンと死んでしまう。それでも必ず本格的な春になればまた同じ場所から芽を出す。どれだけの種を地面に仕込んでいるのだろう。感心する。

野の土を掘り返していても、どんぐりなどの堅い殻を付けた実以外の種を見つけることはまずない。土は土にしか見えない。根はたくさん絡まっているので多年草が冬の間も土の中に潜んでいることは実感できる。しかし烏野豌豆の種も、栴檀草（センダングサ）の種も、地面中に潜んでいる状態を掘り出せたことはまずない。真剣に探せば見つかるのだろうか。それでも彼らはまるでタイマーをかけているかのように、一定の気温になると芽を出し始める。実に不思議だ。

しかもそれが勇み足であるのもちゃんとわかっているかのように、本格的に春が来たときのために大半の種は芽を出さずに待機しているというのもさらに不思議だ。

ヤギたちには、この烏野豌豆は日当たりの良い特等席にいる、ちょっと気が早い子たちであって、野原のほとんどの烏野豌豆はまだ芽も出していないか、指でつまむこともできないくらいの小さな芽しか出していないのだからね、と説明しながら食べさせている。みんな、春はまだすこし先なんだからね。大人しく待っていてね。

冬の間も青い葉を茂らせる植物でもうひとつ紹介するのを忘れていた。竹だ。似たような植物である笹は、このあたりでは冬になると枯れてしまう品種ばかりだが、竹は青い葉をつけたまま。実にありがたい存在。

小豆島の山の中には荒れた竹林が多い。手入れが追い付かないのだろう。竹の合間に枯れた竹が倒れて重なり合っている。竹は樹木では幹にあたる節と節間が青いために、枯れた竹が混ざると倒木に比べて非常に目立つ。

島に来るまでは竹林と言えば徹底的に手入れされた寺院の敷地内のものしか知らなかったので、なにも手入れをしないとすごいことになるのだなと衝撃を受けた。

しかも竹の場合はちょっと不思議で、腐っても枯れても荒れても竹は竹。耕作放棄地のようにちょっと声をかけて採らせてくださいねと言って、はいどうぞというニュアンスでは話は進まない。竹が建築資材として利用されてきたためなのだろうか。利用されていない今も、価値ある財としてみなされているように思える。

ちなみに筍(タケノコ)はほとんどがイノシシに掘られ食べられてしまう。

知り合いの山の中の土地にいく途中の道を塞いでいる竹（持ち主は都会にいるとか）はどんどん伐っていいと言われたので、冬の何もない時期には葉がたくさんついていそうな竹を伐り出してヤギ舎に運ぶ。

竹を引きずって軽トラ荷台から降ろしていると、ヤギ舎の中からは「なんだよ今日は竹なのか……」と舌打ちが聞こえてきそうながっかり感が漏れ出て来る。

ヤギは決してわかりやすい感情表現をする動物ではないが、好物の赤芽柏（アカメガシワ）や楡（ニレ）をみっしり積載した軽トラを乗り付けたときと、竹を載せてきたときでは明らかにテンションが違うのだ。竹を積んできたのがわかると寝台に寝そべったまま入り口にも来ない。

竹も笹も毒ではないはずなのだが、うちのヤギたちの人気ランキングは常に底辺。この青物が枯渇している一月二月だけは、黙って食べてやるかという貌で、テンション低くモソモソと食べる。これが三月に入ろうものなら「もう春なのに？」とそっぽを向かれ、カヨに至っては竹しか持ってきていないことを知ると私に頭突きをしてくるのだった。

怒れる女王

茶太郎と雫の口の周りにできた皮膚炎。口蹄疫の疑いは早々に晴れたものの、感染する可能性があるために一応二頭の隔離は続けた。

ファミリーのメンバーを私が勝手にシャッフルすることは、カヨが最も嫌うことの一つである。

しかもカヨが一番かわいがる末娘の雫と引き離されてしまった。私がどこかに連れていってしまった。雫の鳴き声が聞こえてくるから近くにいることは理解しているのだが、我慢ならないことには変わりない。

草を運ぶ私に強烈な頭突きをしてくるようになった。この広いヤギ舎に引っ越して、繋がれずに自由に行動できるようになってから、ほとんど頭突きしなくなっていたのに。

ヤギが
ネコ目に なるとき…
ドツくわよ!!
通常型
白昼は
横長の四角形のはずの瞳孔だが。
どうやら地面に平行して横長ということらしい。
威嚇でこのように頭突き準備体勢になると
ネコ目になる。 ちなみに夜は丸くなってかわいらしくなる

おかげで私の腿や脛は青痣だらけである。本気で突いてくるので危険極まりない。

雫は雫で、親子ながらも普段交流のないキング茶太郎と狭めの空間に一緒にいることは、かなりストレスだったようだ。

身軽であることも手伝い、雫は何度も脱出を試みていた。即席の隔離舎は、ヤギ舎の大家さん（葡萄農家）が自作した簡易ハウスの一面を使って作っていたので、葡萄と接している。屋根もビニールと鳥除けの網で囲われているのであるが、簡易な造りなのでちょっと力を加えたりするとビニールが外れてしまう。

雫がどのようにやったのかはわからないけれど、隔離舎の中の寝室箱（高さ一メートルくらい）の上から柵に飛び移るようにして？ 葡萄のハウスの屋根に移り、ビニールを破り侵入していた。ビニールハウスはタヌキや猪が来ないように地面から一・五メートルほどの側壁面は厳重に囲ってある。つまり隣のハウスの中に逃げ込んでも、ハウスの外には出られない。

自分で逃げたくせにパニックを起こして鳴き叫び、聞きつけたカヨも心配になって鳴き叫んでいる。慌ててハウスの中に飛び込むと、雫が不安そうな顔でたたずんでいる。かわいそうに……あれ、でもよく見ると低いところの葡萄がない!! おまえ、食べたのか??

全部
小豆島と言えばオリーブ！と
思う人も多い。けれども思ったより
ずっと少なめ。根が浅くて
強風で倒れてしまうことも多く、
つっかえ棒で支えられていることも。
風通し良くしていないと元気を
なくすので強剪定、ギョッとするほど
思い切って枝を落としている。
ヤギ飼いとしてはありがたいけれど
人によって
剪定時期が
異なる。
葉裏の
灰色がかった色
が美しい
リースに
すると
とってもステキ
なの
だけど、
いただくと全て
ヤギの
ごはんに
してしまうので
作ったことは
なし…
農家では
ないけれど、いつも
見ているので元気の
ない樹は
浮いて
見える
ように
なってきた。
角が重いためなのか、
柵の飛び越えが苦手な茶太郎は、
ひたすらカベに身体をこすりつけて、
倒そうとしている。このままだと
ワイヤーメッシュにかけている
青い網が破れそう!!
たまにある
変形の葉
ハート形
という
ことで
観光資源
になっている。
押し葉が
売られ
ハートの葉っぱ探し
なども
これも
はっぱビジネス!!
こんなもんが売れるの？
と思ったのだが、
よくインスタにもあがる
ので、人気のようで…
恨み
がましい目つき
で解放を
訴える雫…
この件でまた
人間嫌いがぶり返すのかと
思っていたけれど、そうでもなかった。
大人に成長したのか？

運良くこのハウスの葡萄は大雨のために酷く裂果していて出荷不能だったので、ことなきを得た。出荷できる葡萄だったら弁償ものである。

ハウスの網や金網を直しても直しても雫は脱出を試みていた。そのうちに雫の口のかぶれが消えて毛が生えて来たため、雫だけ隔離舎から出した。えらい目に遭ったとばかりにヤギ舎めがけて走り去っていった。

気の毒なのはひとり残された茶太郎である。雫が出て行った瞬間から声が枯れるまで叫びまくるようになった。しかも柵越しに頭突きを繰り返して私を威嚇する。わかる。わかるけれど、おまえの湿疹、全然良くならないし。となだめるのだが、聞いてくれない。

十日ぶりくらいにヤギ舎に戻った雫は、ちょうど発情が来ていたこともあるのだが、なぜか銀角とカヨにマウンティングされている。これまで玉太郎に乗られていることはあっても銀角からはない。もちろんカヨからも。なんで⁇　久しぶりの臭いが新鮮だったのだろうか。カヨにいたってはお母さんなのに……。

雫が戸惑い嫌がっているのを遠目に見ながら、なぜか玉太郎は完全に知らんぷりをしていた。いままで玉太郎と雫は何回も交際宣言する（私に向かって仲の良いところを見せつける）ほど仲良しだったのだが。ヤギの関係性は不思議だ。

しかもカヨは雫が戻って機嫌を直してくれるかと思ったのだが、狂暴化したまま。玉太郎や銀角に対しても、今までよりもさらに厳しく頭突きをし、茶太郎がいない今、自分が王者に完全復活したと思っているようだ。

玉太郎はカヨの攻撃で餌に近づけず、食事量が減り痩せてきた。慌てて玉太郎だけこっそり干し草のストック箱に連れていき、蓋をあけて干し草を存分に食べさせる。隔離舎の茶太郎に加えて玉太郎にまで餌を別にしていくと手間も時間も三倍増しとなる。

早く茶太郎を戻してやらないとと思うのだが、皮膚病はなかなか治ってくれないのであった。

三月

弥生よい月 若葉に新芽
噛めば立つ音に 耳澄ます

春草の御馳走

三月。朝晩の冷え込みはまだ厳しいけれど、野山の草は若芽を伸ばし始める。春だ。ヤギとともに首を長くして待ち望んできた、春だ。生える草のすべてが瑞々しくて柔らかくて美味しそうに見える、最高の季節の到来である。

本格的に丈を伸ばす烏野豌豆（カラスノエンドウ）とともに、この時期の目玉はなんといっても野芥子（ノゲシ）だ。都会に住んでいたときから目にしていたこの雑草、黄色く八重に広がる花びら、結実後の綿毛、しかも茎の断面から白い汁が滲み出るといった特徴のために、ずっと蒲公英（タンポポ）と呼んでいた。芥子（ケシ）の仲間なのだろうか。

ヤギを飼ってから、島内各地に剪定枝や雑草をいただいたり刈り取りに出向くのに、ヤギが食べる草かどうかを確認するのに、雑草の名前を調べて覚えるようになった。写真を見せあっても良いのだが、現物がない時期には会話ができない。名前を覚えて相手と共有するほうが圧倒的に便利でやりとりがスムーズになる。名前は偉大だ。画像検索が発達して調べやすくもなった。

名前ついでに調べてみると、野芥子はやっぱり蒲公英の仲間だった。なぜ芥子と名付けられたか、謎だ。

春先の野芥子は水分をたっぷり含んでいる。葉っぱは地面に近いところからたくさん生えているのでなるべく根本に鎌をいれて刈り取ると、ポリっともシャリっとも違う、なんとも言えないいい音がする。茎の中が空洞のために響くのだろう。

ヤギたちが野芥子を貪り噛み砕く音はさらにパワーアップして、幾重にもなって響き渡る。私まで御馳走をほおばっているような気持ちになる。至福の時間だ。

野芥子がたくさん生えているのは南向きの日当たりの良い斜面が多い。なぜこんなに足場の悪いところに降りてまで採るのかと我に返るときもあるが、生い茂っているのを見ると、頭の中はヤギが嬉しそうに貪る姿で一杯になってしまうのだ。

春の到来は小豆島に住む以前から嬉しいものだったが、島でヤギたちと暮らすようになってからは本当にありがたくかけがえのない瞬間となった。陽光を取り入れ若葉を伸ばそうと蠢（うごめ）く植物たちを、ヤギたちが文字通り身体の中に取り込んでいく様子を見ているだけで嬉しい。

ただし本当に草がみずみずしく美味しい時期は、以前にも書いたようにそれほど長くはない。野芥子（ノゲシ）もまた春が進むと、水分を失って硬くなっていく。小さいながらも球形でかわいらしい白い綿毛が花に代わって増えていく。綿毛は蒲公英（タンポポ）よりみっしりふわふわしていてラビットファーのようだ。子どもの頃に夢中になって読んだコロボックルなら、きっと冬服の飾りや断熱材として使うのではないだろうか。

野芥子が美味しそうでなくなる頃には、若草はよりどりみどりの選び放題に茂っていくので特に拘る必要もなく、また早春に瑞々しい姿を刈らせてくださいねとお別れする。

春だけ美味しそうといえば、虎杖（イタドリ）や筍（タケノコ）もヤギたちはよく食べる。筍は悲しいことに猪に先取りされてしまうので、竹林に出向いても採れることはめったにないのだが、たまに頂き物が回ってくる。剝いた皮をあげると喜んでいる。

日向の平地に生える白詰草（シロツメクサ）も、ヤギたちはよく食べてくれる。マメ科なのでやりすぎには注意しなければならないのだが、私が行く草地にはあまり生えてくれず、たまに友人からいただくくらいだ。子どもの頃にはよく花を摘み編んでみたり、四つ葉のクローバーを探したりと遊び倒した植物だ。

雄ヤギを去勢するのは、麻酔をかけて睾丸を取り除くか、縛って血を通わなくさせて落とすかなのだが、どちらによせ睾丸を強く引っ張らねばならない。当然抵抗されるので、なるべく保定しやすい時期、つまり子ヤギの時期にしてしまいたいのであるが、尿路がちゃんと育ち切らないうちに引っ張ると細くなったり曲がってしまったりして、石が溜まりやすくなってしまう。なるべく三カ月から四カ月くらいまでは待ったほうが良いそうだ。

これを知ったときは時すでに遅く、うちにいる玉太郎も銀角も生後一ヵ月で去勢してしまっていた。茶太郎は大人になって交配経験もそれなりに積んでからの去勢なので尿道も育っているだろうから危険は少な目だ。

玉太郎と銀角をそれとなく観察してみると、尿の出具合が違う。玉太郎は一本ジョーッと出てくれるのだが、銀角の尿はあまり勢いよく出ずにいつもちょろちょろと出るのだ。発情期に性器を出したことも一度だけで、ほとんどない。これは尿路結石になったら一番に詰まりそうな気がする。

ヤギの病気については情報が少ない上に獣医師に診てもらえる機会も少ない。予防できるものならなんでもしたいと調べまくり、尿路結石には裏白樫（ウラジロガシ）の葉が漢方薬として（人間に）飲まれていることを調べ上げ、山を走って裏白樫っぽい木を探し当てた。しかもヤギもちゃんと食べてくれる。良かった。気休めに近いのかもしれないが、SNSで情報交換している全国のヤギ飼いさんたちでも同じことをしている方が少なからずいて苦笑した。ヤギを病気にしたくないという気持ちはみんな同じだ。効果があるのかは定かでないが、時々枝を伐り出して与えている。

隔離終了

茶太郎の皮膚病は患部が縮小してきたけれども、完治には至らないまま秋になった。秋は一年で一番大規模な発情期がやってくる。カヨは不機嫌に拍車がかかって鳴き喚き、餌をやるときにも本気で頭突きしてくるようになったので、草を運ぶ前にカヨだけ繋がなければならなくなった。

気がつけば一ヵ月半も茶太郎を狭いところに隔離している。隔離舎の二メートル向かいには、ぬかるみがあり、イノシシが夜中に泥浴びに来たためなのか、ちょっぴり自閉気味になったり、かと思うと柵に角をガンガンぶつけて私に不満を訴えかける。かわいそうになって隔離舎の前に繋いでみた。美味しそうな雑草がたくさん茂っているのですぐにむしゃむしゃしだした。みんなのところに帰ろうと暴れるのかと思ったのだが、目の前の草の味に負けて助かった。

茶太郎の隔離舎があるところは、カヨたちのいるヤギ舎からは間にビニールハウスがあるために見えない。一段下がっているのが好きではないのか、イノシシの通り道だからなのか、普段も自分たちから降りていくことはまずない場所だ。だから茶太郎が外に出てもカヨたちには見えないはずだった。

茶太郎を繋いでからヤギ舎に移動して、刈り取ってきた草をヤギ舎に運び入れる。いつもならば開いた扉から外に出たヤギたちは上の段の草地の野薔薇（ノイバラ）を摘まむか、軽トラに積んだ草を少しでも食べようと群がってくる。ところがカヨの姿どころかいつのまにか玉太郎も銀角も雫も消えた。

まさか⁇と茶太郎の隔離舎がある草地に走り降りていくと、みんながそろって茶太郎を取り囲んでいる。

あーっ‼　見えないように外に出したつもりだったのに、どうして嗅ぎつけるのか。慌ててみんなを追い立ててヤギ舎に戻し、茶太郎も隔離舎に戻した。けれどもそれ以来、私がヤギ舎のドアを開けると、カヨは茶太郎のところに走っていくようになってしまった。隔離舎の中に入れているので全身のふれあいはないけれど、患部のある口と口を近づけあっている。まるで冤罪で勾留中の男に会いに来た婚約者だ。ふたりともいつも仲良くもないのに、なぜそんな引き離された恋人たちみたいな空気を出すのか。

もはやこれだけ接触しては隔離の意味がない。感染しても食欲が落ちるわけでもないようだし、痩せてもいない。皮膚炎になるだけだ。もうみんな感染して集団免疫なりなんなりつけてください。私は知りません、もう。

結局病名も特定できないまま、茶太郎を合流させることにした。隔離舎から茶太郎を出すと、ヤギ舎のほうに駆け出していく。やっぱりひとりで寂しかったよね、茶太郎。ごめんな。

茶太郎を追いかけて上がっていくと、二カ月間隔離されていたのが嘘のように、茶

カヨと茶太郎

一緒にいるとケンカばかりで
カヨが怪我をするのではないかと
心配していたが、どうやらこれは
挨拶よりも深い愛情
表現なのかも
春、頭をもたげ
はじめるワラビたち。
ヤギには毒草なので
少ししか
食べないため
ヤギ舎の中で増殖中…
人間にはごちそうだけど
採りきれない。
茶太郎をしばらく隔離していたら。
恋しさが増したのか、なんなのか、合流してから
しばらくマウンティングばかりしていた。
去勢していても、発情しているカヨに応えて
発情？している茶太郎。
ちょっと切ない
茶太郎はわかりやすくうれしそう
カヨは無表情……
……だけどうれしい？
少なくとも不機嫌ではなくなった
ノゲシ

太郎は一瞬でヤギ舎のキングとして返り咲き、馴染んでいた。

あっという間にカヨは茶太郎に遠慮して一歩引くようになり、私に対しても、本気の頭突きをしなくなった。頭突きをするフリくらいで止める。八月から足に青痣が絶えなかったのに。平和なのかはわからないが、ある種の均衡が戻って来たのだ。

そうしていつものように、茶太郎とカヨは頭突きし合う。挨拶と言うには激しすぎるので、権力争いをしているのかと気を揉んでいたのだが、これもふたりの愛情表現、幸せの形ってやつなのかもしれないと、今回のことで思い至ったのであった。

春と除草剤

三月後半にもなるとかなり土も温まってくる。烏野豌豆（カラスノエンドウ）もイネ科の牧草も野芥子（ノゲシ）も蒲公英（タンポポ）も勢いを増してくる。野薔薇（ノイバラ）も若い芽を伸ばし始める。

しかしそれでもまだまだ「どこもかしこも若草ばかり」という状態には至らない。私が自由に草刈りしてもよい草地は、なぜかどこも雑草の発育が遅い。日当たりが悪いわけでもないはずなのだが、遅い。

どうしてこんなに差が出るのだろう。あと少し暖かくなれば気にならなくなるくらい、どこも雑草に溢れるのはわかっているのだけれど、この一ヵ月はよその草地の美味しそうな春草を、指をくわえて眺めることになる。

　それもこれも畑地も宅地も区画が細かく所有者が多岐に分かれている小豆島ならではの事情だろうか。

　持ち主がわかれば刈らせてもらえないか声をかけることもあるが、持ち主が作業に来ているとは限らないし、除草剤を撒く予定があるのかも聞かねばならないのが、少々ややこしい。

　除草剤ゼロで農業や空き地の管理をする人ばかりではない。五月後半以降は草丈はすぐに七〇センチを超えてイノシシの寝床になりかねない。野生動物を山にとどめておくためにも、耕作放棄地で山に面していない空き地は草を刈った更地にしておくのが望ましい。けれども初夏から十月いっぱいは一ヵ月もすれば草丈は腰にとどく勢いで再生する。ここぞという場所にだけ除草剤を使用するのは仕方がないのかな、と思う。

　しかし冬の間は別だ。草が枯れているから除草剤を撒くわけがない。十一月中旬以降に撒くことはほぼないと踏んでも大丈夫。すると三月に新たに生えて来た草は基本的にどこのどんな土地でも四ヵ月間除草剤フリーなのである。虫もまだ発生していないし。美味しそうに繁っていると、ついヤギに食べさせたいなあと思って見てしまうのだった。

けれども、三月であっても生い茂る前に一発枯らしておこうと考える人もいるのだった。日当たり良くいい感じに生えている畑地の雑草を運転しながら見惚れていたらある日黄色く枯れ出す。え、もう撒いたの⁇さすがに早すぎないか？と仰天しながら通り過ぎる。四月半ばでアブラムシがびっしりつきだす頃ならまだわかるのだが。

以前に草刈りの適正な時期についても書いたが、刈り時を逃さずに刈りつつ、どうしても手が回らないときには畑地の周辺通路や道路に面したところだけ薬を撒く人もいるし、果樹の下草を枯らすのに始終使っている人もいる。空き地全体に相当強烈な除草剤を撒く人もいて、彼らをまとめて「除草剤を使う人」として論じていいのだろうかとも思う。

他者の土地のことをあれこれ考えても仕方ないのだが、三月は草が少ないためについつい気になってしまうのだった。

ちなみに強い薬を使っているところと、最低限にしているところの判別は、枯らした後の草の生えかた、育ち方、雑草の種類などを見ていればなんとなくわかる。

はじめて見たときにはどこも同じ草地、果樹畑だったのに、こうしてだんだんと管理の違いがわかってきて、ふふん私も伊達に草ばかり眺めているわけではないのだなと可笑しくもちょっぴり誇らしくなる。

本来はこういう土地の薬投与などの管理履歴なども全部わかった上で農地を買うと良いのではないかと思うのだが、どうなのだろう。

土と植物の関係は、いまだよくわからないことだらけだ。ヤギのために観察しているうちにもっとわかるようになるだろうか。

除草剤の他に敏感でなければならないのは、農薬と肥料だ。

農作物でヤギに貰うのは大抵収穫後の残りの茎や葉だ。毎年芋蔓（イモヅル）とブロッコリーと葡萄の葉をいただくことが多い。剪定枝では蜜柑とオリーブだ。芋蔓は晩秋、ブロッコリーは一月から三月にかけてだ。蜜柑とオリーブの剪定枝も主に冬から春にかけて出る。

無農薬でやっているところからいただくのが理想だが、それだけでは足りないときもある。親しい農家からは薬を撒いてから二回雨が降ったら良しとしていただいたりしている。

実は冬の一番青い草が少ない時期にはブロッコリーがかなり助かるのだが、窒素系の肥料をたくさん施していると、ヤギたちはお腹を壊してしまう。どうやら放牧の豚たちも下痢をしてしまうらしい。

私がいただいている農家さんのブロッコリーは幸いにしてたくさん食べさせてもヤギたちの調子が悪くならない。それでも必ず他の枝や干し草なども一緒に与えるようにはしている。アブラナ科の作物はどれもかなり好きなようでよく食べる。

よほど好きなのか、黄色くパリパリに乾いた葉も食べるし、最後に残った太い茎の表皮を齧って白い芯だけになるまで食べ続けている。まるで犬が骨をしゃぶっているところを見るようなのだった。

三月はワカメが採れる。昼間に大きく干潮する日を調べて三都半島の海岸に行く。

突堤の端っこに立ち、長い棒の先に鋸鎌を針金などで括りつけたもので海にゆらゆらしているワカメをひっかけて採った。ゆでると茶色から綺麗な緑色に変化する。そのまま冷凍保存でも良いし干して塩漬け保存する人もいる。

とっても美味しいのだが、今のところに引っ越してからとんとご無沙汰している。海に行けばヒジキも寒天も採れるのだが。ワカメもヒジキも柔らかくて美味しいのは三月中であり、三月はいつも用事が重なって忙しい。

海の岩場にはカメノテもいる。爬虫類の手みたいな姿をした甲殻類だ。干潮で現れた岩の隙間からほじくり出す。ゆでて殻を剥いて食べてみたが砂がたくさん入っていたのであまり食べなくなった。美味しいので出汁だけとるようにしていた。これもかなりご無沙汰している。

開眼！　懇願式蹄切り

ヤギの世話というと、これまで書いてきたように毎日の餌の心配と体調チェックが八割を占めるのだが、定期的に削蹄（さくてい）もしなければならない。爪切りのようなものだ。大人しくさせてくれるわけではないので、大変気が重い作業である。

最初にカヨだけを飼っていたときにはコンクリートの上を歩くことが多かったため、自然に削れてくれていた。蹄が伸びて困るということはほとんどなかったと記憶している。

今のビニールハウスの廃屋に来て以来、柔らかな土の上で暮らしているため、全員の蹄が伸び始めた。

最初は牛の削蹄動画を参考にして小さな鎌で削いでいってみようかと思った。しかしどう繋いでも動くために、うまくできない。そのうちにヤギの削蹄動画を見つけることができたので、伸びた部分を枝切り鋏でぱちぱち切ることにした。

問題は押さえ方である。牛とは比べ物にならないけれど、ヤギとてかなり大きい。すでに自分の体重より重くなっている。力づくで押さえ込むのは不可能な相手だ。とにかくできるだけ短く繋いで、動きを最低限に封じ込めて切っていくしかない。

最初に試したのはヤギを立たせ短く繋ぎ、腰と足で胴を壁面に押し付けながら脚を持ち上げて切る方法だ。牛の削蹄動画を参考に足の裏が天を向くように脚を折り曲げさせ、伸びた部分を鋏でちょんちょんと切る。

いかに押さえつけられるかと、持ち上げた脚を固定できるかにかかっている。一時期は男性の友人に押さえてもらいながら切っていた。

ブロッコリーの葉、赤くなったり
黄色く枯れていても食べたがる。
水分の多い肉厚の葉なので
長保ちはしない。食べてみたが
不味かった。
蹄切り
切る前に
中に入った
土をほじり出して
やっている
このあたりに
力をかけて
押さえている
かなり
嫌がるので
大変です
蹄がとても
伸びた状態。
割れたり
ケガの元に
なる。
なんとか納得して
脚先を差し出して
くれた!!
玉太郎
えらい
このくらいに
なるまで
切ってあげる。
爪と同じで
濡らすと
切りやすくなる
けれど、
ヤギは濡れるのが
嫌いなので余計に
不機嫌になってしまう。

それでも後ろ脚を持ち上げて切ろうとすると、嫌がって脚をビョンビョン動かして鋏を弾き飛ばそうとする。

手で持ち上げてみようとするとよくわかるのだが、ヤギは体重の六割か七割以上を前脚で支えている。おそらく四本足歩行の動物は皆同じなのではないだろうか。

後ろ脚は持ち上げやすいけれども固定が大変で、前脚はその逆で固定よりも持ち上げるのが大変だ。特に肥満気味のカヨは三本脚で体重を支えているのが苦しいように見えた。胸骨のあたりに膝を差し込んでカヨの自立を支えながら前脚を持ち上げることにしたら、うまくできた。

しかし四本の蹄を切る間ずっと中腰で壁面にヤギを押さえつけたり、片膝でヤギの自立を支えるのは、かなり体力を使う。二頭もやればクタクタになる。今年は特に原因不明の腰痛に悩まされていたため、友人に押さえてもらっていても中腰を維持しながら切るのが非常に辛い。

そこでSNSで見かけたのがヤギの四肢を両腕でまとめて抱えて横倒しにして全身を使って押さえ込みながら切る方法だった。大変そうだが寝そべっているので腰の負担は非常に少ない。試してみたが、倒されてもすぐに起き上がって戦闘モードになってしまう。私の運動神経の無さもあり、起き上がれないように素早く押さえることが、どうしてもできない。

諦めて毎日腰が痛くならない程度に少しずつ立たせたまま切ることにした。ところが、玉太郎が立たせ切りにも一切同意しなくなってしまった。

以前は嫌がりながらも切らせてくれたのだが。押さえ込みがよっぽど不本意だったらしい。後回しにすればするほど蹄は伸びていき、割れてケガする可能性も高まる。

ある休日、観念して今日は夕方までかかっても絶対切るからねと玉太郎に話しかけながら繋いだ。しばらく格闘したあと、玉太郎が座り込んだ。伏せの状態だ。投げ出した脚を膝にのせてパチリ。スッと立ち上がる玉太郎。しかし腰を撫でながらもう少し切らして？とお願いしていると、仕方ないかとばかりに再び座り込む。またパチリ。一回切るたびに立ち上がるものの、座ると脚は差し出してくれる。

よしよしありがとう玉太郎。もう少しだけ切らせてくれる？　蹄切ると歩きやすくなるからね。とにかくお願いしながら切り続けた。

どうやら玉太郎は立ったまま足を持ち上げられるのが不快だったようで、座ったままなら我慢しても良いと言っているのだった。

立たせ切りの五倍どころか一〇倍以上の時間はかかるけれど、全く押さえつけずにすべて切らせてくれたのだ。飼い主としてはなんとも嬉しい、冥利に尽きる時間であった。

付章

目を凝らし
耳を澄ませる 十六夜
照る月 笑むヤギ 潜むイノシシ

ヤギを飼うなら

これまでヤギとともに季節で移り変わる草を追う様子を記してきた。植物は元々嫌いではないけれど、ヤギたちのおかげで雑草から農作物、山の雑木に至るまで、ヤギの好物かどうかや毒性を気にするようになり、好物の草木に関してはどこにいつ頃まで生えているのか、どんな虫がつくか、薬を撒いているかなど、これまでにはない視点で細々と観察する癖がついた。

季節の変化や天気にも敏感になったし、なにより春の訪れを心の底から喜べることがとても嬉しい。

都会を離れ、自然の中での暮らしを志向する方々の中には、マスコット的にヤギを飼ってみたいと考える人も少なくないと聞く。

犬よりも大きく、かといって馬や牛ほどは大きくないので手軽に飼えるし、頭数も少なければ家の周りの雑草と広めの自家菜園からの野菜くずなどで、餌の大部分は賄えるだろう。手間と時間をかけて干し草などの保存食を作れば、輸入干し草を購入せずともやっていけるかもしれない。そして餌の確保以外は基本的には手間もかからず愛嬌のある動物である。

とはいえヤギがどんな動物かを知る機会はそう多くはないので、ためらう人も多いはず。この章ではヤギとどう接したら良いのかと飼うにあたってシュミレーションしておくと良いと思うことを書いてみたい。

ヤギと生きる

まずは接し方だ。イヌと同じように考えているとかなりのズレを感じると思う。草食動物であるヤギの視野は側面に広く向けられていて、真ん前と真後ろが死角となる。馬と同じだ。

初対面のヤギに正面から向かうと、怖がりのヤギは顎を引き頭を低くして警戒、頭突きの体勢をとる。角を素早く振って差し出した手を振り払うこともあるので要注意だ。私は一度他所の不機嫌な雄ヤ

ギに蜜柑（ミカン）をやろうとし、素早く角で振り払われ、避けそこねて小指を捻挫した。かなり痛かった記憶がある。

一方で馬のように真後ろに回ったら後ろ脚で蹴られたという話は聞かない。うちの気ままなヤギたちも、後ろ脚で人間に攻撃してきたことはない。

とにもかくにも彼らの武器は角。角が無くてもおでこで攻める。顎をくっと引いて頭を低くしたら「これ以上近づくとやるぞ？」と言っているのである。手を下げヤギの視界に入るよう斜め後ろに下がるようにしている。

それとたまに甘え半分で前脚でひっかいてきたり齧ってくることもある。ヤギは上前歯がないので痛くはない。ただし奥歯はとても鋭くてススキの茎を噛み千切るほどだ。ヤギに指をしゃぶられるままにしていると、奥歯で噛まれて流血沙汰となるので要注意だ。

観光牧場でふれあい目的で飼養されているヤギたちのほとんどは、幼少時に徐角されているだろうし、大人しい気質のヤギが選抜されているのではないかと思う。それでも柵越しでなく直接触る場合は、ヤギの側面に立つようにして背中や腰を撫でてやるのが無難だ。

そう、ヤギは結構気性が荒い。嘘をついて飼養を薦めても仕方がないので正直に書くが、意志がはっきりしていて好奇心も強くて面白い分、人間に対して強く出るヤギもいる。大人しく優しいヤギもいるのだが。

基本的には去勢していない雄には近づかないほうがよい。飼い主でも持て余すくらいの荒くれ者の可能性が高いからだ。見分け方は簡単で、後ろ脚の間に二つの睾丸がぶら下がっているかどうか。常におしっこを身体に振りかけるのが彼らの身だしなみなので、前脚やお腹が黄色く染まり香りも強烈だから、近づこうと思う人は少ないはずなのだが。

一方で子ヤギのとき（生後五カ月以内くらいまでか？）に去勢した雄ヤギは、かな

り大人しい。個体差もあるけれど、基本的には大丈夫かと。そして不思議なことにひなたに置いた干し草のような香ばしい体臭となる。

雌ヤギはというと、発情期には荒くなる。特にカヨは気難しい。繋いで飼っていたときには私の足は青痣が絶えないくらい平時でも角でどつかれ、発情期にはさらに激しく、という具合だった。放し飼いにしたらかなり穏やかになり、ほぼ頭突きはおさまったが、秋の大きな発情期には猛威を振るう。

なぜそんな荒くれ者たちを飼っているのかと聞かれると、面白いからとしか言いようがない。それと銀角のように、とても大人しくて優しい気立てのヤギもいるのでなんとも言えない。

犬や猫のように愛玩動物として長期間飼養され続けていれば、大人しく人間に従順な気質の者が優先的に交配され、気性の荒い者は淘汰されるだろうが、ヤギは家畜としての歴史は長いのだが、愛玩目的では飼われてきていない。馬のように人を乗せたり車を曳くなどの調教もされず、群れで放牧されて生きてきたと思われる。人間と一対一で相対する時間も少なかったのではないだろうか。

ヤギが好む小屋は

もう一点、知らない人にお伝えしなければならないのは、場所を決めて排泄させるようしつけることは相当難しいらしいということ。私はできないものと思って最初からしつけようとしなかった。不可能ではないとのことだ。

できれば屋根の下の寝床のあたりでは排泄しないでほしいのだが、構わずにしている。尿のために木は痛みやすくなる。よって寝床の下には、以前にも書いたが腐食しないプラスチック製のパレットと、軽トラックの荷台に敷くゴムマットを敷いている。寝床の糞の掃き出しは、基本的には毎日やるものと考えたほうが良い。すぐに溜まる。

見たことがない方のために申し添えると困るのは尿で、糞に関しては固めの粒で乾きやすく、臭いも草食のためかほとんど気にならない。乾くとコーヒー豆のような堅さでコロコロ転がっていく。

ただし尿と糞が混ざるとどうしても臭気が増してしまう。これはヤギに限らず人間の排泄物も同様なのだが。だからこそ尿だけは別の場所、できれば草地でしていただきたいところなのだが、これがなかなかままならない。

飼うとなれば小屋をどうするかも気になるところだろう。ヤギは雨が苦手で特に足先を濡らすのを嫌うので、床には簀の子などを敷いて糞尿が落ちて身体に触れないようにしてあげると良い。それと雨を避けて眠れる屋根が必要だ。壁に関してはあまり念入りに囲ってしまうと臭気がこもりやすくなるし、寒さには強い。

現在は箱を横倒しにした形の寝床を八畳ほどの屋根の下に並べている。外気は入り放題だが北海道の友人の牧場でも同じだった。冬はモコモコの綿毛がみっしり生えているのと寒ければ寄り合って寝ているのでそう心配はしていない。むしろ冬よりも夏の虫がしんどそうで、虫が入ってこないような寝床ができないか思案中だ。

カヨだけを飼い始めたとき、家の裏側に壁と屋根がついた場所が一畳ほどあったので、ドアをつけてカヨの家にした。日没後に入れようとしても猛烈に嫌がられたし、日の出とともに出せと鳴き叫んだ。狭い場所に閉じ込められるのが嫌だったようだ。ヤギは狭い場所が好きと聞いたのだが出入りは自由が良かったようだ。

その後は玄関わきの軒下をラティスで囲ったりして寝床にしていた。その時々で自分にできることと、ヤギが何を嫌がっているか、欲しているのかのすり合わせをしながら試行錯誤してきた。

SNSを見ているとみなさんヤギの小屋をいろいろ工夫して立派なヤギハウスを建

屋根は
トタンの
波板.
とりつける前は
ブルーシート
だった. 台風で
すぐに破れるので
大変だった.
カヨは
高台から
遠くを眺める
のが大好き
まったり くつろぎ中…
手造りの寝室箱.
廃材をなるべく利用.
上で風に吹かれるもよし
中に入って丸くなって
引きこもるもよし.
木製パレット
もらいもの. 島外の大手造船所で
捨てられていたモノ. バスタブの
五倍くらい分厚くて丈夫だが
重さのあまり、ひとりでは
持ち上げられない. ヤギが乗るには
最高.
怒りの
最終表現.
威嚇もしている
この高さから
落とすように角を
ぶつけてくるのを
まともに受ける
とかなりの
ダメージを負う

ている。参考にするのも良いのではないだろうか。

大工の腕に自信がない人に薦めたいのは廃車かトラックコンテナだ。基本的にヤギは自動車が大好きで、よく私の車にも乗りこんでくるくらいだ。沖縄ではよく廃車をヤギハウスにしているようだ。トラックコンテナは中古がたくさん出回っている。地方ならば県内のどこか（港近くの倉庫地帯など）には大量に扱う業者があるはずなので、見に行って決めることも可能だ。ただし軽くて暴風では飛びそうなので地面に固定する手段を考えねばならない。知人は貨物コンテナをヤギ小屋にしている。トラックコンテナより丈夫で重いが、物価上昇で値上がりしているようだ。

私が観察したところでは、ヤギは砂地やコンクリートや岩場が大好きで、見晴らしのよい砂場などで寝そべって反芻しているときはとても幸せそうである。一段高いお立ち台のような場を設けてあげることと同時に、聞いていたとおり、なぜか狭い場所も必要としていて、おこもりできる狭い場所もあると良い。ただし出入りは自由に。

馬よりは飼いやすい大きさと書いたが、ヤギは大人の男性と同じくらいの胴体と重さにはなる。無知を晒すようで恥ずかしいが驚いたのは三年経っても大きくなるということだ。生後半年で交配可能となるので一年くらいで成長も止まるのかと思っていた。

ミニ、豆とついた「大きくならない種」として購入したとしても、大きくなることも珍しくない。小さければ力づくで言うことを聞かせることもできるが、大きくなれば押しても引いても動かなくなる。だからこそ最低限ではあるがヤギにも調教が必要となる。

リーディングを仕込む

ヤギを飼うのに最低限?必要だと思うことをお伝えしている。調教では、リーディングだ。綱をつけて引いて歩くことができるかどうかである。完全放牧で飼養していて移動させることもないという場合には、特に必要ないと思うかもしれない。しかしちょっと具合が悪くて獣医師に診せたいときなど、リーディングできるかどうかで、こちらにのしかかる負担が大きく変わる場面が必ずあるので、できるようにしておくに越したことはないと思う。

とはいえ私自身がヤギの調教のノウハウを探し出せず、馬の調教を参考に綱で引いて散歩を繰り返すことで、なんとか覚えてもらったようなものだ。一頭目のカヨの場合は軒下に繋いで一頭だけで飼っていた時期が長く、時間をかけることもできたのでなんとか仕込むことができた。綱をつけての散歩は当時の彼女にとって新鮮な草を摘む楽しい時間であったから、まあいいかとなったのだろう。

カヨを連れて歩いていると、よく近隣の方々から「連れ歩くことができるのか。イヌのようだ」と驚かれた。そもそもヤギを連れ歩こうという発想が高齢の方々にはあまりなく、変な人として見られていたと思う。

それでもカヨとしては繋がれるよりは自由に歩き回りたいという気持ちが強く、綱をふりほどいて駆け出していくこともよくあった。

その後交配して二頭の子ヤギを出産、子ヤギが走り回れるようになると同時に散歩に出かけるようになった。子ヤギたちには綱をつけなくてもカヨにぴったりくっついて歩いてくれた。

二頭のうち茶太郎は（後に出戻ってくるが）里子にだして、玉太郎とカヨと二頭を繋ぎ飼いしていた時期も十カ月近くあった。成長期の玉太郎は中型犬の大きさになってもさらにもっと大きくなっても、カヨにぴったりくっついて離れずに行動するので、首輪やハーネスはつけたものの、リーディングをちゃんと仕込めなかった。ヤギを複数頭飼う人は大抵落ち込む陥穽（かんせい）なのではないだろうか。

なにしろ玉太郎を仕込もうにもカヨを家に置いて玉太郎だけ連れて歩くということ

ができなかった。一緒にいたいと母子共に強く望むためだ。それではカヨをフリーにして玉太郎をリードすればカヨが付いてくるかというと、これがそうはならない。カヨはカヨの意志で好きな場所に行こうとし、玉太郎はそれについていこうとする。二頭一緒に綱を引けば、重量オーバー。私が引きずられてしまう。もう勝手にしてください……。

その後大きなビニールハウスを借りることができて、茶太郎が出戻ってきて、細かなメンバー増減は割愛するとして、みんな繋がずに飼えることとなった。繋がれるストレスがなくなりいつでも新鮮な草を齧ることができて、良かったのだが、リーディングの機会は激減した。次の出産を機にカヨは玉太郎を疎んじるようになり、玉太郎はカヨについていたくても許されなくなった。

全頭ヤギ舎から出て外の草地に行くとなれば、カヨの掛け声に従って全員ついてきてくれる。

しかしカヨの指示が全員に効くのはあくまでも危険が伴う?ヤギ舎の外での話で、安全が保障されたヤギ舎の中ではヤギたちは密着して動くことはなく、ゆるやかに離れ、別行動をとる。

そして蹄切りやブラッシングするには、どうしても一頭ずつリーディングしなければばならない。暴れん坊の茶太郎は外でもカヨの指示が届かないときもあり、リーディングしなければならない機会があったため、まだ従ってくれる。雫は身体が小さいために力で引きよせることができる。

リードをつけてもどうにも動いてくれないのは、集団移動では手間のかからない玉太郎と銀角だ。リーディングする機会が少なすぎたためか、とにかく綱をつけて引かれるのを嫌う。玉太郎も銀角も今やカヨや茶太郎よりも大きく育っているので、引っ張っても彼ら自身が動こうと思わない限り、無理。

まあそれでもある程度のコツはあって、踏ん張る力をふっと抜くタイミングを逃さずに引くと動いてくれる。しかし時間がかかる。もうすこしリーディングを仕込む機会を作りたいと思いつつ、住環境の整備と餌の手配だけでかなりの時間を取られているので、なかなか。多頭飼いはヤギを群れとして眺める楽しさはあるけれど、全頭に調教を施すのは、本当に難しい。

ちなみに茶太郎の暴走を確実に止めようと思ったら綱を持ったまましゃがむ。それでも引きずられるようなら寝そべると、止まる。綱はなるべく短く持つ。止めるときは首輪を持つくらいが良い。

力任せで止めなければならない状況になることは、今の状況では滅多にない。けれど万が一のときには、確実に止められるようにはしている。茶太郎にもそれは理解してもらっているはずだ。

給餌の迷宮

最低限の調教以外にどうしても必要なのは、給餌量の見極め、つまりどこまで食べさせればよいか、である。これも結構難しい。自分の食事量が適正かどうかだって微妙なのに。

全国山羊ネットワークのHPによれば、体の維持に必要な目安としては、乾物で一日当たり体重の二・四パーセント。体重四〇キログラムのヤギならば、水分七〇パーセントの生草を三・二キログラム（体重の八パーセント）となるそうだ。

なるほどと思いつつ、個人でヤギを飼養している場合、ヤギの体重を量る手段を持たない人がほとんどなので、初手から躓(つまず)いてしまうのではないだろうか。

私の場合はイノシシやシカを捌(さば)く処理場に体重計があるので、あのシカが五〇キロだったからだいたいこれくらいだろうな、と推測するのみ。

草の水分量もさっぱりわからない。一度でも畜産や獣医学を学んでいれば、実験を通してこのような数値が感覚に叩き込まれるのだろうけれど。

直接参考になったのは、ウマのボディコンディションスコアだ。あばら骨や腰骨の浮き上がり具合などで肉と脂肪のつき具合を見る。あばら骨が出ていたら明らかに痩せすぎだ。おなかの膨らみ具合を観察しながら「だいたいこれくらいかな」という量を探っていく。うちの場合は生草ならば一日で一頭につき一二〇サイズの段ボール箱一杯半くらいだろうか。木の枝や干し草も混ぜるし、季節によって水分量も変わっているように思えるのであくまでも目安である。

それと知っておきたいのは、草を食べたお腹は左右均等には膨らまないということだ。何も知らないと病気になったのかと驚き慌てる人もいる。ヤギの第一胃は左側にあるので食後すぐには左側だけ膨らんでくる。わかっていれば慌てることもない。

以前にも書いたが多頭飼いをしていると困るのが、強者がどうしてもたくさん食べ

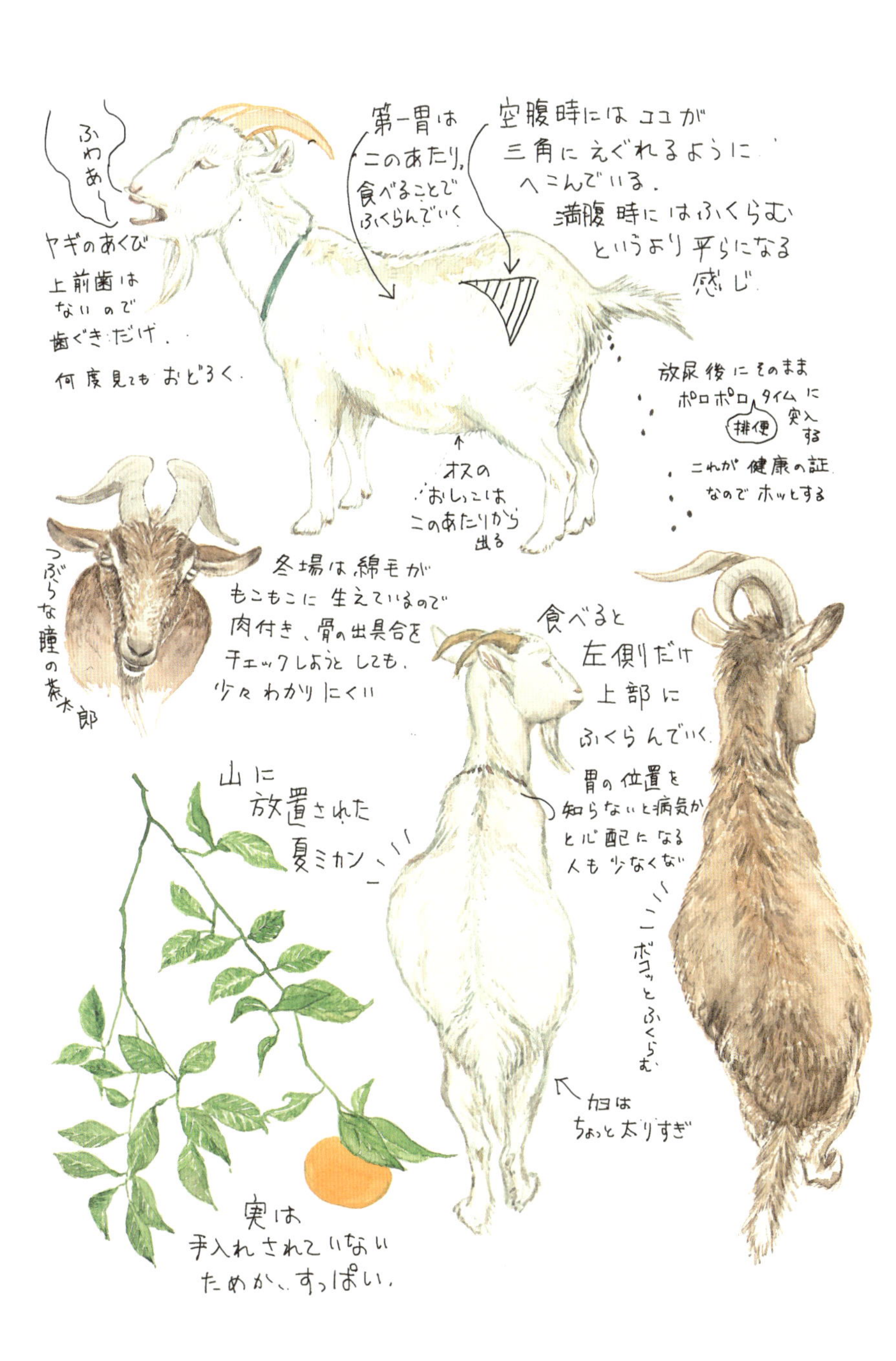

ふわあ〜
ヤギのあくび
上前歯はないので歯ぐきだけ。
何度見てもおどろく。
第一胃はこのあたり。食べることでふくらんでいく
空腹時にはココが三角にえぐれるようにへこんでいる。
満腹時にはふくらむというより平らになる感じ。
放尿後にそのままポロポロタイムに突入する
排便
これが健康の証なのでホッとする
オスのおしっこはこのあたりから出る
つぶらな瞳の茶太郎
冬場は綿毛がもこもこに生えているので肉付き、骨の出具合をチェックしようとしても、少々わかりにくい
食べると左側だけ上部にふくらんでいく。
胃の位置を知らないと病気かと心配になる人も少なくない
ボコッとふくらむ
カヨはちょっと太りすぎ
山に放置された夏ミカン
実は手入れされていないためか、すっぱい。

てしまうことだ。一番弱いヤギのお腹がちゃんと膨らむまでと思って給餌していると、一番強いカヨのお腹が妊娠十カ月なのかというくらいに膨らんでしまう。明らかな肥満である。

最近はカヨが少々年老いて弱り、負けがちになっているため、茶太郎が餌を独占しがちだが、茶太郎の腹はなぜかカヨほど膨れない。角が重いのでエネルギーを消費するからなのだろうか。それとも体質か。

餌山の間隔を離してみんなが平穏にゆっくり食べることができるように心掛けているのだが、毎回席取りゲームのようなどつき合いをしてからでないと、落ち着いてくれない。

塩と水は必ず絶やさず置いてやらねばならないが、競って奪い合いが起きることはなく、みんな空いた時間に少しずつ嗜んでいる。夏場は水を飲む量が増えるので毎日足してやる必要がある。私のヤギ舎は水道が通っていないので、常にタンクに汲んで持ち込んでいる。地味に大変である。上水道と電気が近くにあるに越したことはない。

なんとも心もとない指南であるが、お腹のふくらみと身体全体の肉付きを見ながら、あとは目の周りや口の中、肛門周りの色などを見て、糞尿に異常がないかも見て、しっかり立ち、歩いているかも見て、蹄が伸びすぎていないか、割れていないかなども見て……とにかく五感を研ぎ澄ませてヤギたちを観察し続けていれば、彼らが何をどれだけ欲しているのか、だんだんとわかってきて、おのずとやるべきことが見えてくる。

ヤギになりたい

ヤギは家畜である。飼養となれば家畜保健衛生所に登録が必要となる。そして家畜保健衛生所とは別に、ヤギの診療をしてくださる獣医師が近隣にいるかどうかも飼う前に調べておくと良い。

もう一点、本書を読めばお気づきとは思うが、ヤギを交配させる相手を選ぶとき、一応相手の父母や祖父母にどんなヤギがいたのかも聞いてみると良いかもしれない。交雑が進んでいると、茶太郎のように父にも母にも似ない立派な角のヤギが生まれてくることも、ある。赤ちゃんヤギをもらうときも然り。父母や祖父母がわかればどんな角が生えてくるのか、それとも無角なのかの予測が立てやすく、除角をするかの検討もしやすいだろう。

身体も大きいし、私は徐角もしなかったので、角を振り立てられるときもある。草食動物らしく怖がりな面もある。賢くて好奇心旺盛だけれども愛玩に向いているかと言われると考え込んでしまう。

　けれどもヤギたちの世話をしているおかげで、私は多くの草と出合い、誰かがつけた名前を知り、若芽を出してから枯れしぼみ、次に生えてくる草の間に沈んでゆくまでを見届けてきた。

　雑草とひとからげに呼ばれ、人間からは嫌われ刈り捨てられるはずの草たちを、あんなに美味しそうに嬉しそうに食べ、楽しく生きる糧としてしまうなんて、本当に素晴らしい動物だ。ずっと見ていても厭きることがない。

　本当は私がヤギになりたいけれど、それは今生ではかなわぬ願いなのだから、やっぱりヤギを飼わない手はない、と思うのだった。

あとがき

本書の元となった原稿は、月刊誌『山と溪谷』二〇二〇年九月号から二〇二二年三月号まで「ヤギ飼い十二カ月」として連載させていただいたものである。

小豆島の四季折々の雑草と雑木、畑の作物の盛衰をヤギを通じて眺める愉しみと、多頭飼いしているヤギたちの個性豊かな生き様をご紹介できたらという思いで綴った。一頭目のヤギ、カヨとのことを中心に綴った『カヨと私』を読んでくださった方にはメンバーの増減、変遷についてなど重複する部分もある。こちらの本を初めて読む方のために書いておりますのでご了承ください。またヤギたちの世話の合間に自分に食べさせている草や作物などにも言及してみた。

私が小豆島に移住すると決めたとき、多くの人が続かないだろうと予測したようだ。面と向かって「向いていないと思う」と言われたこともある。心配してくださってのことだ。無理もない。私は人間付き合いも上手くないし、手先も器用なほうではなくて、たくさんのタスクを同時進行させることも苦手ときている。

田舎に移住して暮らすには、濃厚な人間関係を捌いていく必要があり、畑仕事や台所仕事、DIYに、手作りおかず持ち寄りの食事会やイベントなどをテキパキと華麗にこなし、その素敵な暮らしを写真に撮ってSNSで披露していくといったイメージがあるのだろう。実際にそんなふうにたくさんの人と上手につながって楽しく暮らす人も多い。そして発信を積極的に行うのでとても目立つ。

しかし田舎で暮らす人のすべてが明るく人付き合いが得意、というわけでもなく、実際に住んでみれば、静かにひっそり（？）発信も少なめに暮らしている人も結構多いことがわかる。いや、実は大部分がそんな感じなのでは、とすら思う。隣近所との付き合いや自治会での共同作業などはあるけれど、それほど頻繁でもない。地域差もあるのかもしれないが、人との繋がりは思い描いたよりはずっと緩やかで、隣近所の干渉もほとんどない。適度にひとりでいられる。いさせてもらっている。

そういえば最初に住んだ家は主要な道路沿いにあって、庭に出ていると年配の男性が車を停めて話しかけてくることがしょっちゅうあって（しかも長くて終わらない）閉口したものだった。今の家に引っ越してからはそういったこともなく、いい具合に引っ込んでいて、見知らぬ誰かが車を止めて声をかけてくることなどは皆無となった。立地は結構大事だ。

朝起きれば鳥の囀りがかしましく響き、スカッと抜けた海が見える。山の緑を常に近しく感じる。それだけでも十分幸せだ。

ヤギを広々とした場所で飼うこともだが、草を刈り、木を伐ることが、とても好きだ。ヤギを飼うことで軽トラックの運転、荷積みも含めて本当にいろいろな作業が必要となった。ひとつひとつ道具や工具を揃え、使い方を習得してきたが、それを嫌だと思ったことはない。むしろ楽しい。

大工仕事など、筋力もないし人に誇れるほどには上達していないけれど、大抵の作業は自力でなんとかできている。時々一人ではできない作業もあるが、それもなんとか友人に恵まれ助けてもらえている。都会で暮らしていた頃に比べたら、本当にいろんなことができるようになった（その分書く仕事はペースダウンしているが）。

草も木も日々、芽吹き花を咲かせ実をつけて落ちてを繰り返す。それらを観察しながら採ってきては、ヤギたちが目を輝かせて齧りつくのを眺めるのが、本当に楽しくて、楽しくて、気がついたら移住開始から十年経っていた。毎年同じようでいて、少しずつ自然も私もヤギたちも、変化している。

大きな変化として触れねばならないのは、雫を繋留の事故で二〇二二年秋に亡くしてしまったことだ。私の不注意で起きてしまったことで、悔やんでも悔やみきれないし、いまだに思い出すと辛くて何も手につかなくなってしまう。以来、ヤギたちを外に連れ出して繋ぐことは一切止めた。

本文でも触れたように、近年は冬季の新鮮な餌を確保するために、オーツ麦の栽培に乗り出している。いよいよ畑作、である。初年には離れた場所を耕して植えてみたものの、見回りもできずに獣に発芽した芽をくまなく食べられてしまった。

翌年からヤギ舎の奥の叢を仕切って畑コーナーを作った。これならイノシシやシカは入ってこない。大家さんにお願いしてユンボで地ならしし、中型バイクサイズの耕運機で耕していただいた。無事に発芽して育ったものの、目標である「一月にふっさふさ」には茂ってくれない。三月後半からグングン育ってくれたが、それでは意味をなさない。

昨年は頑張って種蒔きの時期を早めて九月後半にしてみた。しかし九月はワイン葡萄(ブドウ)の収穫時期なので、ヤギ舎の大家さんが忙しい。耕運機を動かしてもらうことは難しく、自分一人で動かす自信もなく、鍬で地面を引っ掻いたくらいで植えてみた。

また同時期に畑の横にもう一区画柵を回して一部に屋根も作り、茶太郎を隔離した。発情期の茶太郎にカヨが転ばされて足を挫いてしまい、茶太郎に怯えるようになったためだ。カヨは出産を経て他のヤギたちよりも足腰が弱く、年を重ねてだんだん茶太郎の乱暴に対応できなくなってきている。カヨか茶太郎かどちらを隔離するのか迷ったが、茶太郎だけ隔離した。隔離といっても柵越しに交流はできるので、寂しくはないはず。発情期がおさまる冬にはまた合流させた。

　さてオーツ麦はというと、前年よりは育ってくれたがやはり思ったようには茂ってくれない。けれども冬に青々と生えてくれただけでも嬉しい。時折柵の扉を開けてヤギたちを畑の中に入れ、お菓子がわりに葉先をつまみ食いさせていた。

　そうして待望の春、三月に入った頃、紀行作家の高田晃太郎さんが、ロバ連れ歩き旅の途中でヤギ舎に立ち寄ってくださったのである。青々と草が生い茂る広いヤギ舎をとても気に入ってくださり、ロバのクサツネを放してみた。クサツネは王者のように堂々と走り回り、ヤギたちを威嚇しながら追い回し、草をむしゃむしゃと食べ（畑だけでなくヤギたちがいるところにも三月になってイネ科の雑草がすでに青々と生えていた）、寝転んで土浴びまでしていた。そんなクサツネの様子を見てのことなのか、高田さんから、所用で実家に帰らねばならないのでしばらくクサツネを預かってもらえないか、と頼まれた。

　短期間でもロバを飼える機会なんてそうそうないので、二つ返事で引き受けた。最初クサツネは茶太郎を隔離していたところに入れたのだが、そのうちに思っていたよりも早く茶太郎が発情期に入り、暴れ回り、カヨが弱々しく逃げ回るようになった。慌ててカヨと茶太郎を別居させるため、クサツネには隣の麦畑に引っ越していただくことにした。

一日二回はたっぷりと耕作放棄地から竹を切り出して与えていたたし、これまでのヤギたちの草の食べ方からして、麦畑に入れても麦の芽の先端を食べるだけだろうと予測していた。多少食べられても根元さえ残っていれば四月五月でまた生えてくるはずだ。

ところが読みは大きく外れた。クサツネはたかだか二週間弱ほどの滞在で、ワシワシと麦の芽や雑草を根元ぎりぎりまで食べ尽くして、畑全体を文字通り丸裸にしてしまった。ヤギたちがいるところの青草はふさふさのままだというのに。ロバ、ヤギよりよっぽど除草に向いている。その後雑草はまた生えてきたけれど、オーツ麦とライ麦はいくら待っても生えてきてくれなかった。

ちなみにロバのクサツネを怖がり逃げ回っていたヤギたちだが、だんだんと慣れていき、次第に餌の竹を運び込むときに一緒にクサツネの領土である畑の中に入ってくるようになった。最初はソロソロと、だんだんと堂々と。まるでここは元々私たちの土地なのにと言わんばかりに。そうしてクサツネの糠を盗み食いしたり、銀角に至ってはクサツネに頭突きまでしていて、高田さんが迎えにくる最終日には並んで餌を食べるくらいの仲になっていた。

クサツネが丸裸にした畑には、ちょうど彼が出て行った後くらいから蕨(ワラビ)が芽吹いてきた。毎年芽吹いているのだが、今年は邪魔な草が一切無い。蕨の芽だけがビョンビョンと出ている状態で、非常に摘みやすかった。山菜好きの友人知人を招いて摘んでもらったし、自分もかなりたくさん摘んで、アクを抜いてはヤギたちの冬のご飯に協力してくださった農家さんなどに配ることができた。摘みに来た友人の中には私がわざわざ蕨とりのために草刈りをしてくれたと勘違いした人もいた。いやいや、ロバがやってくれたんですよ、と話して笑いあった。

そして今年こそは冬にオーツ麦を「ふっさふさ」に茂らせたいと思っている。畑作も奥が深いので何が悪いのか、どこから改良すればいいのかさっぱりわからないまま、とうとう中古の小さな耕運機を買ってみた。また畑は二段あるので、一段については毎日掃き集めたヤギのフンを撒きまくっている。そしてもう一段については、吉田俊道氏が提唱する「菌ちゃん農法」を試してみるつもりである。秋までに山に溢れる倒木を拾ってきて中に仕込んだ高畝を作る。高畝の上にはチップを敷く。ヤギたちの食べ残しの枝をチッパーで粉砕したものだ。大まかに分けて動物性堆肥の畑と、植物性堆肥の畑だ。どちらかの畑でもいいから、とにかく真冬に生い茂ってもらいたい。オーツ麦なんて雑草みたいなものだと思っていたのに、ここまで手がかかるとは思わなかった。

せっかく耕運機も買ったので、自宅の隣にも畑を作り始めた。こちらにはサツマイモを植えている。美味しい芋が採れるかよりも蔓をヤギに食べさせたい一心で品種すら見ずに苗を買ってきて植えた。イノシシに食べられないように柵を回しているところだ。こうしてズブズブと畑沼にハマり、やることが無限大に増えていく。

カヨは、春頃には元気をなくし、歩くのもやっとという体だったので、いよいよ介護生活なのかと半分覚悟していたのだが、なぜか元気を盛り返した。今は元気に高い箱の上に登って風に当たったり、茶太郎の頭突き挨拶もしっかり受け止め、応戦している。いつものカヨだ。

とはいえみんなもう立派なシニアヤギだ。いつまで元気でいてくれるのかはわからないが、ヤギたちの美味しい、気持ちいいという貌を少しでも眺めていられるように、尽力するつもりだ。

人間は誰かに何かを食べさせることである種の快楽を感じるのだと思う。相手が言葉の通じない動物である場合には特に「食べる・食べない」に多くのメッセージが込められる。野生動物を餌付けしたくなる気持ちも、彼らとコミュニケーションを取りたいという欲求から来るのではないかと思う（言わずもがなであるが、禁止されている行為だ）。

犬や猫のようにきっちり決まったフードを食べさせる場合と違って、ヤギに食べさせることができる草木は四季折々豊富にあり、その分ヤギとは実に多彩なメッセージをやり取りできる。しかもそのほとんどが人間社会から嫌われる雑草や畑のゴミなのだ。なんと素敵なことだろう。人様のいらないものをもらい集めに走り回っていると、なぜか宮沢賢治の「雨ニモマケズ」の詩句が脳裏に浮かぶ。

ヒドリノトキハナミダヲナガシ
サムサノナツハオロオロアルキ
ミンナニデクノボートヨバレ
ホメラレモセズ
クニモサレズ
サウイフモノニ
ワタシハナリタイ

初めて読んだのは小学生のときで、この部分の意図がまるでわからなかった。なんでデクノボー⁉　なんでそんな役立たずな人になりたいの⁉　となったものだが、今は理屈抜きでとてもしっくりきている。

この本に関わってくださった方、編集者の綿ゆりさん、更年期で沈没しがちな私の原稿を待ってくださり、本当に本当にありがとうございます。そしてイラストを生かした素敵なデザインにしてくださった佐藤亜沙美さん。ありがとうございます。

この場を借りて小豆島のヤギ飼いの友人たち、留守の世話を見てくださる友人、そしてヤギ舎の大家さんこと岡田葡萄（ブドウ）酒園をはじめとするヤギたちのご飯をご提供くださる方々、tematoca 手間土果、m.olive モリーブ、実都農園 mito farm、HOME MAKERS、大部・池田集落の皆様に深く感謝いたします（名前をあげた農園はＳＮＳでも発信されてますので良かったら検索・応援してくだされば嬉しいです。ついでに小豆島もものじ組合もよろしくお願いします）。

二〇二四年六月　　内澤旬子

本書は、月刊『山と溪谷』連載「ヤギ飼い十二カ月」
（二〇二〇年九月〜二〇二二年三月）に加筆修正を加えたものです。

ブックデザイン　佐藤亜沙美
ＤＴＰ　宇田川由美子
編集協力　神保幸恵
編集　綿ゆり（山と溪谷社）

著者略歴

内澤旬子（うちざわ・じゅんこ）

一九六七年、神奈川県生まれ。文筆家、イラストレーター、獣肉処理販売業。『身体のいいなり』で第二七回講談社エッセイ賞受賞。著書に『世界屠畜紀行』『飼い喰い　三匹の豚とわたし』（角川文庫）、『ストーカーとの七〇〇日戦争』（文春文庫）、『内澤旬子の島へんろの記』（光文社）、『カヨと私』（本の雑誌社）など多数。二〇一四年に小豆島に移住し、現在は、ヤギのカヨ、茶太郎、銀角、玉太郎とイノシシのゴン子、ネコの寅雄とともに暮らす。

私はヤギになりたい
ヤギ飼い十二カ月

2024年9月1日 初版第1刷発行

著　　者　内澤旬子
発 行 人　川崎深雪
発 行 所　株式会社山と溪谷社
〒101-0051
東京都千代田区神田神保町1丁目105番地
https://www.yamakei.co.jp/

印刷・製本　株式会社シナノ

ISBN978-4-635-06401-9

【乱丁・落丁、及び内容に関するお問合せ先】
山と溪谷社自動応答サービス
TEL.03-6744-1900
受付時間：11:00 ～ 16:00（土日、祝日を除く）
メールもご利用ください。
乱丁・落丁：service@yamakei.co.jp
内容：info@yamakei.co.jp

【書店・取次様からのご注文先】
山と溪谷社受注センター
TEL 048-458-3455
FAX 048-421-0513

【書店・取次様からのご注文以外のお問合せ先】
eigyo@yamakei.co.jp

定価はカバーに表示してあります